천국을 거닐다,
소쇄원

김인후와 유토피아

이기동 교수의
우리 문화의 재발견

천국을 거닐다, 소쇄원

김인후와 유토피아

이기동 지음 | 사진 송창근

사람의무늬

복숭아 언덕에 봄철이 찾아드니
만발한 꽃들 새벽 안개에 드리워 있네
바윗골 동리 안이라 어렴풋하여
무릉계곡을 건너는 듯하구나

오동나무 언덕에 드리운 여름 그늘

바위 비탈에 뿌리박은 늙은 등걸이

비이슬에 맑은 그늘 길게 뻗쳤네

가을 오니 바위 골짝 서늘해지고

단풍잎 일찌감치 서리에 놀라

고요히 흔들리는 노을 고와라

너울너울 거울에 비치는 그 빛

어느덧 산 구름 끼어 어두워졌네

창을 여니 동산에 눈이 가득해

섬돌까지 골고루 흰 빛 널리 깔렸어

한적한 집안에 부귀 찾아 왔구나

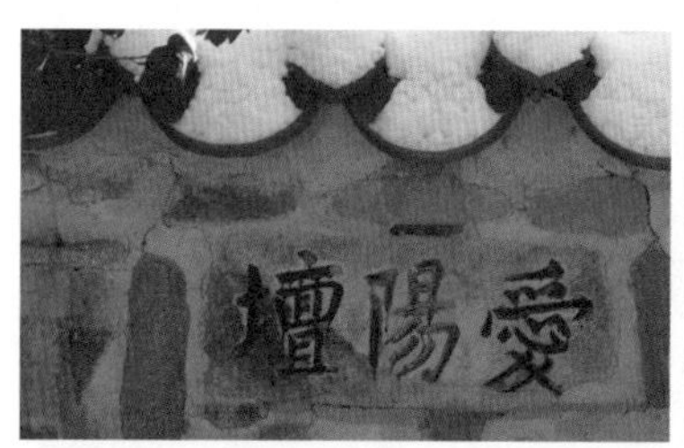

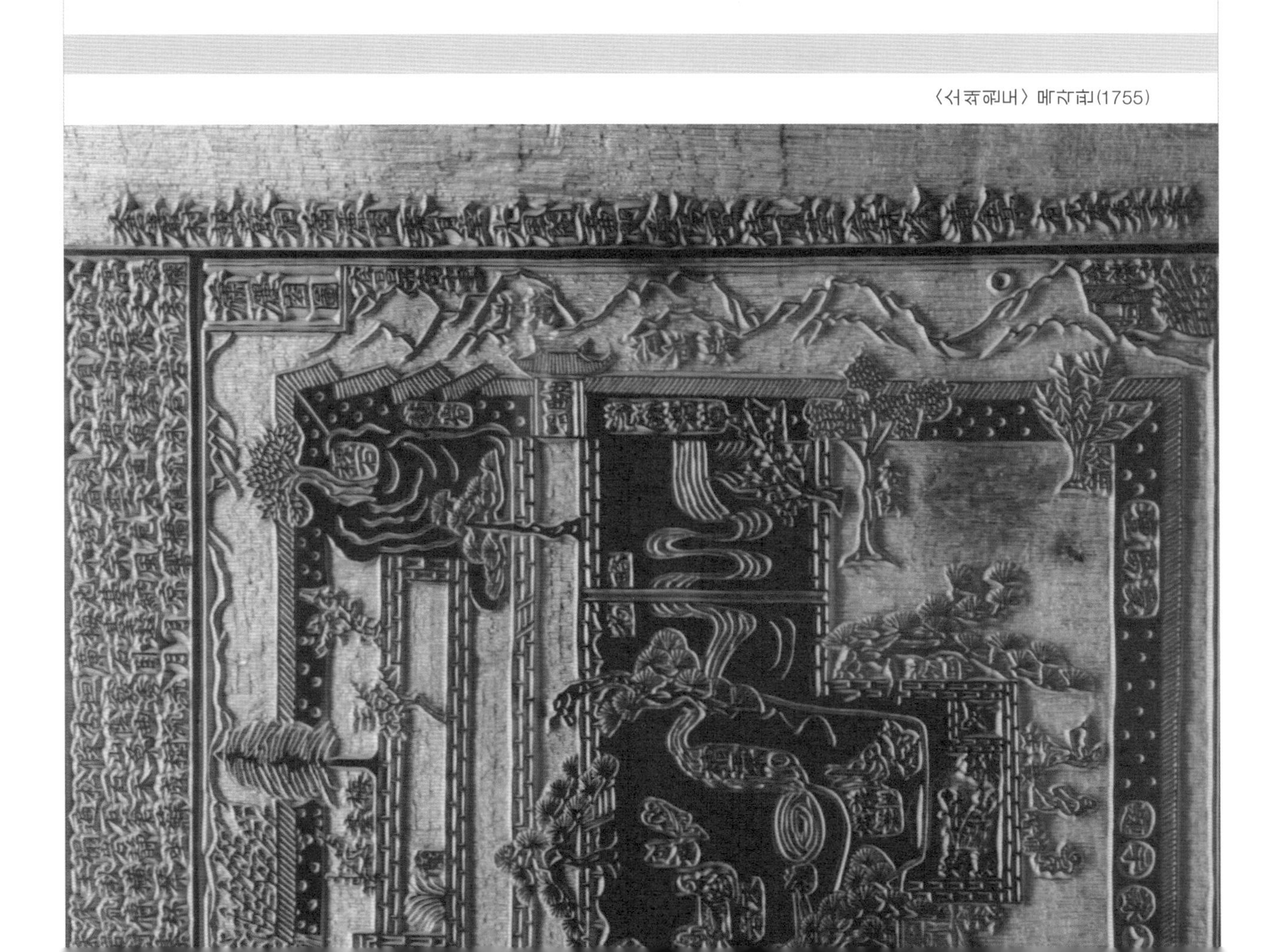

〈소쇄원도〉 목각판(1755)

이 책을 엮는 까닭

작년 봄의 일이다. 삼양사 김재억 감사의 안내로 소쇄원을 답사한 적이 있다. 그전에도 몇 번 답사한 적이 있었지만, 소쇄원은 갈 때마다 감동을 받는다. 우리나라 사람들 중에는 한국 문화재의 가치를 비하하는 사람들이 더러 있다. 그들의 말을 들어보면, 유럽이나 중국의 문화재에 비해 규모가 작고 보잘 것이 없다는 것이 그 이유다. 필자는 그런 말을 들을 때마다 참으로 안타까운 마음을 금할 수 없다. 규모의 크기로 문화재를 평가하는 그 안목이 천박하기 때문이다.

천박한 사람은 힘을 과시하지만, 훌륭한 사람은 마음의 평화를 추구한다. 우리 조상들이 만든 문화재에는 마음의 평화가 담겨 있다. 우리는 우리 문화재에서 그런 점들을 찾아내야 한다. 소쇄원에서 그런 점을 발견하기란 어렵지 않다. 이런 차원에서 소쇄원은 보배 중의 보배다.

소쇄원 답사 중에 이런 내용을 몇 마디 건네자, 김재억 감사는 나의 말을 막았다. 그러고는 너무 귀한 내용이니 말로 하지 말고 글로 써 달라 청하여 왔다. 그 간절한 부탁을 뿌리칠 수 없어 작년 여름 『신동아』에 글을 실었다. 그는 그 글을 다 읽고 나서, 이번에는 다시 단행본의 책으로 출간해 줄 것을 청하여 왔다. 듣고 보니 참으로 중요한 일이라는 생각이 들었다. 이 소박한 답사기가 세상에 나오게 된 이유는 이와 같다. 아마도 김 감사가 계시지 않았더라면 이 책은 세상에 나올 수 없었을 것이다. 이 점에 대해서는 김 감사께 새삼 감사를 드린다.

문화재란 참으로 자랑스러운 것이다. 그래서 먼저 우리들이 알아야 할 것이고, 다음으로는 외국 사람들에게도 알려야 할 것이다. 이 책이 작은 디딤돌이 되기를 바라본다.

이 책의 집필을 위해 필자는 필암서원에서 간행한 『국역 하서 전집』과 송창근 선생의 『사진으로 보는 소쇄원 48』의 내용을 부분적으로 참고했음을 밝힌다. 하서 선생의 시는 『국역 하서 전집』의 번역을 거의 그대로 살려 실었다. 굳이 좋은 번역문을 두고 달리 번역할 필요성을 느끼지 못했기 때문이다. 하서 선생의 「소쇄원 48영」에 대한 번역문은 『사진으로 보는 소쇄원 48』에서 한 줄 또는 두 줄 정도 그대로 실은 것이 있다. 그것을 일일이 밝히는 것은 논문 같이 딱딱한 분위기를 연출할 것 같아 생략했다. 이 점에 대해서는 독자 여러분께서 혜량해 주시리라 믿는다.

이 소쇄원 답사기에 이어 다른 지역의 문화재 답사기도 출간하면 좋겠다는 생각이 든다. 독자 여러분의 관심과 격려를 바란다.

청마의 해 새봄에,
필자

우리 조상들이 만든 문화재에는 마음의 평화가 담겨 있다.

우리는 우리 문화재에서 그런 점들을 찾아내야 한다.

차 례

천국에서는 모든 사람이 불만이 없다.

모든 사람이 주인공이 되어 만족하게 사는 나라이기 때문이다.

천국에서는 모두가 한마음으로 산다.

그런 나라를 홍익인간弘益人間의 세상이라 했다.

소쇄원에 들기 전에

소쇄원에 가기 전에 알아야 할 예비지식

지상에 세워진 하늘나라, 한국

한국韓國은 원래 지상에 세워진 천국이었다. 상징적인 이야기이긴 하지만 단군에 관한 기록은 우리 민족의 정서와 사상을 가장 집약하여 설명해 주는 자료이다.

하느님께서 당신의 아들을 내려 보내기 위해, 지상에 천국을 세울 만한 곳을 찾았다. 거기가 지금의 한국이다. 하느님의 아들 환웅은 이 땅으로 내려왔다. 그래서 이 땅을 신들이 사는 곳이란 의미에서 신시神市라 했다. 천국에서는 모든 사람이 불만이 없다. 모든 사람이 주인공이 되어 만족하며 사는 나라이기 때문이다. 천국에서는 모두가 한마음으로 산다. 그런 나라를 홍익인간弘益人間의 세상이라 했다.

사람들이 가장 살고 싶어 하는 나라는 천국이다. 공자도 그랬다. 공자가 살던 당시, 한국 땅은 단군의 시대가 망하고 사람들이 여러 부족으로 흩어져 혼란한 상태로 있었던 때였다. 그럼에도 불구하고 공자는 그곳에서 살기를 희망했다. 『논어』「자한편」에는 다음과 같은 공자의 말이 있다.

> 공자께서 구이九夷에 가서 살고자 하셨다. 그러자 어떤 사람이 말했다. "거기는 누추한 곳인데, 어떻게 하시렵니까?" 이 말을 들은 공자는 다음과 같이 말씀하셨다. "거기에는 군자들이 살고 있다. 무슨 누추함이 있겠느냐?"[1)]

공자의 이 말씀을 송나라 때의 주자朱子는 잘못 해석했다. 군자를 공자 자신으로 보았다. 공자가 자신을 군자라고 지칭한 것이라면, 위의 문장은 다음과 같은 뜻이 된다.

> 공자께서 구이에 가서 살고자 하셨다. 그러자 어떤 사람이 말했다. "거기는 누추한 곳인데, 어떻게 하시렵니까?" 이 말을 들은 공자는 다음과 같이 말씀하셨다. "군자인 내가 가서 산다면 무슨 누추함이 있겠느냐?"

주자의 이러한 해석은 납득할 수 없다. 한문 문법에 약간의 지식만 있어도 주자의 해석이 억지라는 것을 알 수 있다. 또 공자가 스스로를 군자라고 내세우는 것도 말이 되지 않고, 내용만 놓고 보더라도 말이 통하지 않는다. 군자인 공자가 가서 살기에 누추할 것이 없다면, 하필 구이에 가서 살 필요가 없다. 남방에 가도 되고, 북방에 가도 그만이다. 하필 동방에 있는 구이에 가서 살 까닭이 없는 것이다.

청나라 때의 학자 유보남劉寶楠은 『논어정의』라는 책에서 구이는 조선을 말하고, 군자는 조선인을 지칭하는 것이라고 하면서, 그 이유를 기자箕子가 가서 가르쳤기 때문이라고 했다. 유보남의 해석도 문맥은 통하지만 내용은 맞지 않는다. 『산해경山海經』 등의 책을 보면, 기자가 있기 훨씬 이전에도 조선은 군자의 나라로 지칭되고 있었고, 그 뒤로도 줄곧 군자의 나라로 지칭되고 있었다.

우리나라는 일찍이 군자들이 살고 있는 천국이었다. 천국이란 군자들이 모여 사는 나라다.[2)]

공자의 꿈은 천국을 건설하는 것이었다. 그렇기 때문에 공자의 꿈을 이룰 수 있는 모델은 바로 한국 땅에 있었다. 5천 년 전, 고대라 불리는 시대에는 오늘날과 같은 형대의 한국, 중국 같은 나라는 없었다. 단지 여리 부족들이 나라를 만들어 살던 부족국가 시대였다. 그 부족국가들 중에서 우리의 조상들이 세운 나라가 조선이었다. 공자 때는 조선이 망하고 그 후손들이 흩어져 살던 곳을 사람들은 '구이'라고 불렀다.

단군조선의 건국 이념은 홍익인간이었다. 홍익인간이란 사람들이 하나도 소외되지 않고, 모두 주인공이 되는 사회를 말한다. 단군조선은 홍익인간의 이념이 실현된 지상 천국이었다. 공자가 꿈꾼 나라도 바로 그런 나라였다.

공자의 꿈은 세상에 진리를 펼치는 것이었다. 진리가 펼쳐진 세상이 바로 지상 천국이다. 공자는 어느 날 진리가 잘 펼쳐지지 않자, 뗏목을 타고 바다에 뜨자고 하신 적이 있다. 뗏목을 타고 바다에 뜨면 당도하는 곳은 요동 반도가 아니면 한반도다. 이는 공자가 구이에 가서 살고 싶어 하신 것과도 맥이 통한다.

한국인의 안타까움, 한

한국인들에게는 안타까움이 있다. 한국 땅은 천국이었고, 한국인들은 그 천국에 살던 군자들이었는데, 지금의 한국은 천국이 아니고, 지금의 우리도 군자가 아니다. 한국인들은 이를 받아들이기 어렵다. 한국인들의 마음속에는 늘, '이게 아닌데', '이건 아니야', '이렇게 살 수는 없어' 등등의 불만이 쌓여 있다. 이것이 한국인의 한恨이다. 이 한은 풀지 않으면 안 된다. 한을 푸는 방법은 두 가지다. 내가 군자의 모습을 되찾아야 하고, 이 나라가 천국의 모습을 되찾아야 한다.

내가 군자 되기, 내가 하늘 되기

한국인은 하늘에서 내려온 하늘 사람, 즉 천인天人이다. 천인은 하늘의 마음을 가진 사람이다. 도둑의 마음을 가진 사람은 도둑이고, 하늘의 마음을 가진 사람은 하늘이다. 한국인의 한은 하늘마음을 갖지 못한 데서 생긴다. 하늘마음이란 본심이고 양심이다. 하늘마음을 갖지 않으면 사람이 아니다. 한국인들은 남을 비난할 때, "네가 인간이냐?", "제발 인간 좀 되라"라고 꾸짖곤 한다. 인간이 인간의 몸을 가지고 있어도 인간의 마음을 가지고 있지 않으면 인간이 아니다. 짐승이다. 네가 인간이냐고 꾸짖는 것은 바로 짐승이라고 꾸짖는 것이다.

사람이 짐승으로 살 수는 없다. 사람의 모습을 회복하지 않으면, 한이 되어 견딜 수 없다.

사람의 모습을 회복하기 위해서는 방법이 필요하다. 옛날부터 한국인들은 그 방법을 찾아 놓았다. 그것은 동굴을 만들어 놓고, 그 속에 들어가, 마늘과 쑥을 먹으며, 사람의 마음을 되찾는 것이다. 물론 신화에는 곰이 동굴에 들어갔다가 사람이 되어서 나오는 것으로 설명되어 있지만, 진짜 곰이 사람이 되는 것은 아니다. 짐승처럼 되어 버린 인간 중에는 여러 종류가 있다. 곰처럼 되어 버린 인간도 있고, 개처럼 되어 버린 인간도 있고, 돼지처럼 되어 버린 인간도 있고, 범처럼 되어 버린 인간도 있다. 그런 인간들 중에서 곰처럼 넉넉하고 끈기가 있는 사람이라야 하늘마음을 회복

하늘마음을 가진 사람은 하늘이다.

하늘마음은 몸속에만 있는 것이 아니다.

하늘마음은 우주에 가득하다.

그러므로 하늘마음을 회복한 사람은 우주가 자기의 몸이다.

할 수 있다는 뜻이다. 일종의 비유다.

하늘마음을 가진 사람은 하늘이다. 하늘마음은 몸속에만 있는 것이 아니다. 하늘마음은 우주에 가득하다. 그러므로 하늘마음을 회복한 사람은 우주가 자기의 몸이다. 그런 사람은 작은 몸에 끌려 다니지 않는다. 하늘마음을 잃은 사람은 몸속에 갇혀 있는 사람이다. 그는 몸이 늙으면 함께 늙고, 몸이 죽으면 함께 죽는다. 세상에서 가장 불행한 사람은 그런 사람이다.

그러나 하늘마음을 회복한 사람은 그렇지 않다. 그의 마음은 몸에 갇혀 있는 마음이 아니다. 몸이 늙어도 마음은 늙지 않고, 몸이 죽어도 마음은 죽지 않는다. 그의 마음은 생로병사를 초월한다. 그의 마음은 태초부터 있는 마음이고, 앞으로도 영원히 존재하는 마음이다. 그런 사람이 참으로 행복한 사람이다. 군자가 바로 그런 사람이다.

한국인들은 예로부터 군자가 되는 길을 걸었고, 그래서 군자가 되었고, 군자로 살았다. 그런데 지금 한국인들은 물질주의의 바람에 휩싸여 잠깐 정신을 잃었다. 군자의 모습을 잃고 헤매고 있다.

이 땅을 천국으로 만들기

이 땅은 원래 천국이었다. 하느님이 점지하신 그런 땅이었다. 그런데 지금은 그렇지 못하다. 이를 바라보는 한국인들의 마음은 안타깝다. 이 또한

한이 되어 견딜 수 없다. 원래의 모습을 회복하지 않으면, 이 한은 풀리지 않는다.

이 땅을 원래의 모습으로 회복하는 것, 그것은 정치적인 방법을 동원하는 것이 가장 빠르다. 한국인들이 이토록 정치에 관심을 갖는 이유가 여기에 있다.

정치는 다스린다는 뜻이다. 이를 한자로 '치治'라 한다. 그러나 한국에서는 '치'라는 글자를 쓰지 않고, '리理'라는 글자를 썼다. '리'는 옥에 들어 있는 무늬를 말한다. 옥에는 질서정연하고 아름다운 무늬가 있다. 이 땅도 그랬다. 이 땅은 옥의 무늬처럼 질서정연하고 아름다웠다. 그런 땅이 천국이다.

내가 하늘처럼 되고 싶고, 이 땅을 천국으로 만들고 싶은 것, 이 두 가지가 한국인들의 마음 바닥에 깔려 있는 두 축이다. 때로는 개인적 수양에 철저하게 매달리다가도, 여건이 되면 지상 천국의 건설에 매진한다.

천국 건설의 기치를 들다

한국인에게는 천국에 살았던 경험이 아직도 유전자 속에 남아 있다. 때문에 한국인은 늘 천국을 꿈꾼다. 그럴수록 혼란한 이 세상을 바라보는 한국인의 마음은 안타깝다. 안타까우면 안타까울수록 천국 건설의 꿈은 더욱 강렬해진다.

한국의 불교는 불국토의 건설을 꿈꾸었고, 한국의 유교는 이상 사회의 건설을 꿈꾸었다. 조선시대 진반기에 이상 사회의 건설을 향한 강렬한 움직임이 일어났다. 정암 조광조(靜菴 趙光祖, 1482~1519) 선생이 그 중심에 있었다.

지상 천국을 건설하는 가장 빠른 방법은 이미 군자가 된 사람이 나서는 것이다. 군자가 나서서 다른 사람들을 군자가 되도록 인도하는 것이 가장 빠르다. 그런 사람이 임금이다. 물론 천국 건설은 임금 혼자서 할 수 있는 것이 아니다. 마음이 맞는 신하와 합작해야 한다. 신하 또한 마찬가지다. 그 또한 천국 건설을 꿈꾸지만, 그가 그 꿈을 이루기 위해 가장 중요한 것은 바로 그러한 임금을 만나는 일이다. 신하가 임금을 그리워하는 것은 이 때문이다.

정암 선생은 군자였다. 그에게는 천국을 건설하려는 뜨거운 열정이 있었다. 그의 열정은 그를 가만 놓아두지 않았다. '천국을 건설하자!' 정암 선생은 꿈을 꾸었다. 그 꿈을 이루기 위해 가장 중요한 것은 임금을 만나는 일이다. 정암 선생은 당시의 임금 중종을 만났다. 그리고 중종에게서 가능성을 발견했다.

이제 때가 왔다. 이 땅에 천국을 건설하자. 정암 선생의 꿈은 시작되었다. 가장 먼저 해야 할 일은 지금의 임금을 완전한 군자로 만드는 일이다. 유학에서 군자가 되는 방법으로 제시한 것은 학문이다. 학문을 통해서 사람은 군자가 될 수 있다.

정암 선생은 경연經筵에서 중종을 가르쳤다. 천국 건설의 꿈이 뜨거웠기 때문에, 중종에게 열정적으로 가르쳤다. 너무 열심히 가르쳤기 때문에 중종이 싫증을 내었고, 그 틈을 타서 남곤(南袞, 1471~1527), 심정(沈貞, 1471~1531)

같은 악당들이 정암 선생을 모함했다.

끔찍한 사화가 일어났다. 기묘사화. 천국 건설의 꿈이 무너지는 순간이었다. 천 년만에 한 번 올까말까 하는 기회가 무너지는 순간이었다. 백성들이 울었고, 산천이 울었다. 이 슬픔을 바라보며 안타까워 눈물짓던 어린 소년이 있었다. 전라도 장성 땅의 하서 김인후(河西 金麟厚, 1510~1560) 선생이었다.

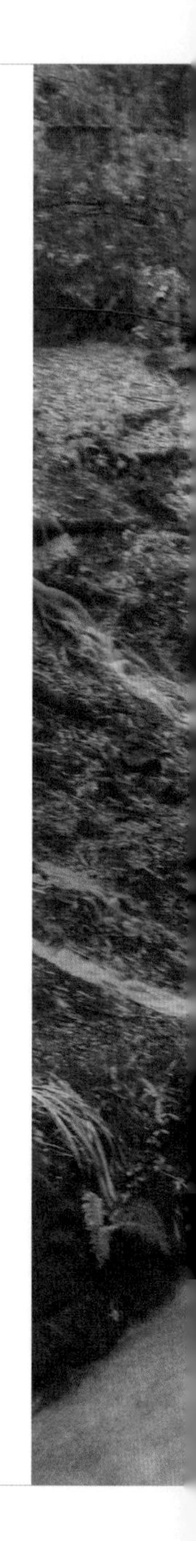

하서의 꿈과 좌절

하서 선생은 조선 중종 대왕 5년에 장성에서 태어났다. 선생은 어릴 때부터 총명예지하여 주위에 소문이 자자했고, 10세 경에는 능히 시를 지을 수 있었는데, 당시 호남에 관찰사로 와 있던 모재 김안국(慕齋 金安國, 1478~1543) 선생에게 수학하였다. 22세 때에는 사마시에 합격하여 성균관에 유학하였는데, 당시에 퇴계와 동학하였다. 31세에 별시 문과에 병과로 합격하여 권지승문원부정자權知承文院副正字라는 벼슬을 하게 되었다. 그 뒤 34세에 홍문관 박사 겸 세자시강원 설서說書로 승진되어 당시 세자였던 인종을 가르치게 되었다.

중종은 인종의 교육을 전적으로 하서 선생에게 맡겼는데, 이때 선생은 인종의 훌륭함을 알았다. 내성외왕內聖外王, 임금은 원래 성인이어야 한다. 내적으로 성인이 된 사람이 외적으로 왕이 되어, 다른 사람들을 성인이 되도록 유도하는 것이 유학에서 말하는 정치의 원리이다.

인종은 너무나 훌륭했다. 성군이 되기에 손색이 없었다. 유학의 목적은 자기를 완성하고 타인을 완성시켜 세상을 천국으로 만드는 것이다. 세상을 천국으로 만드는 것, 이것은 뜻있는 유학자가 꿈꾸는 최고의 이상이다.

이러한 유학자의 염원이 정암 조광조 선생에 의해 불이 붙었다가 실패로 끝났다. 이를 본 하서는 너무나 안타까웠고 큰 충격을 받았다. 하서는 남곤, 심정 등의 죄를 임금에게 진술했다. 정암의 죄 없음을 진술하는 것은 임금의 잘못을 따지는 것이므로, 다른 사람들은 섣불리 나서지 못했으나, 하서 선생은 과감히 나섰다. 하서 선생은 당시 56세의 중종에게 대항하여 정암 조광조 선생의 무죄를 끝까지 주장했다. 하서 선생의 안타까움은 목숨도 두렵지 않은 것이었다.

그런 하서 선생이 인종을 만난 것은 천운이었다. 하서 선생에게 기회가 왔다. 하서 선생은 정암 선생이 꾸었던 천국 건설의 꿈을 다시 불태웠다. 크나큰 꿈이 실현될 수 있을 것이라는 기대감이 다시 불붙기 시작했다. 천년만에 한 번 찾아올까 말까한 기회였다. 이 얼마나 신나는 일이 아니겠는가.

그러나 인종은 아직 세자였다. 언제 임금 자리에 등극할 지 알 수가 없었다. 소인들은 여전히 날뛰고 있었다. 선생의 나이 34세가 되었다. 소인들이 날뛰는 세태를 더 이상 볼 수가 없었다. 부모의 연로함을 이유로 고향에 돌아가기를 청하여 옥과玉果 현감이 되었다.

선생이 35세 되던 해에 중종이 승하하고 이듬해 인종이 즉위했다. 이때 선생에게 큰 불안감이 감돌았다. 문정왕후가 자신의 아들(훗날 명종)을 왕위에 앉히기 위해, 인종을 독살하리라는 불길한 예감이었다. 그래서 선생은 맡기로 예정되었던 경연관의 직책을 마다하고, 인종의 탕약을 의론하는 데 함께 참여할 것을 간청했다. 그러나 그것은 허락되지 않았고, 그는 그대로 임지로 돌아오고 말았다.

그러다가 7월에 인종이 갑자기 승하했다는 소식을 들었다. 하서는 하늘이 무너지는 듯 했다. 통곡하고 또 통곡했다. 정신을 잃고 쓰러졌다가 소생한 뒤에 병을 핑계로 관직을 사직하고 집으로 돌아왔다. 그리고 그 뒤로는 벼슬길에 일체 나아가지 않았다.

크나큰 좌절이었다. 안타까워 견디기 어려웠다. 하서는 문정왕후에 대한 비난을 무왕의 말로 대신하고 있다.

> 황탄하고 음탕하며 폭정을 써서
> 호시탐탐 야욕만 마구 부려라

궁실 사치 의복 사치 극에 달하고

유독 그 계집말만 달게 여겼네[3)]

그 계집은 달기妲己[4)]였으나, 기실은 문정왕후를 빗댄 것이었다. 그리고 인종을 생각하면 야속하기도 했다. 문정왕후에게 거스르지 않고 효도를 다해 순종한 결과가 죽음이었다. 하서는 인종의 그러한 모습을 진晉나라의 태자 신생申生을 빗대어 읊었다.

도피할 곳 없다 하여 앉아 죽으니

내 역시 그 공손이 불만이어라

그런데도 붓대를 쥔 우리 성인은

어찌하여 놓아주고 추궁 없었나

한번 인仁에 뜻을 두면 악惡 없다더니

내 이제야 진실로 그걸 알았네

후세에선 순종順從을 허물로 여겨

면키 위해 하늘을 거역하거든

다시금 난신적자 발을 붙이어

그들은 세자더러 불효라 하네

죄상을 도피하고 찬탈 다투며

제 마음 깨끗하다 내세우나니

세자의 속마음을 뉘라서 알리

아득한 저 하늘만을 쳐다볼 따름

심사가 산란하여 풀리질 않아

천 년을 두고 나 홀로 방황을 하네[5)]

하서의 위 시는 태자 신생을 조문하는 글이지만, 실지로는 인종을 조문하는 글이다. 하서는 인종의 죽음을 춘추시대 진나라 헌공의 태자 신생의 죽음과 같은 것으로 본 것이다. 태자 신생은 계모인 려희(麗姬, 리희로 발음해야 한다는 주장도 있다)의 농간으로 아버지에게 의심을 받아 어려운 상황에 처해졌다. 그때 부하가 려희를 죽이자고 해도 아버지가 좋아하는 사람이라는 이유로 듣지 않았다. 다른 나라에 망명을 하자는 권유를 받기도 했으나 아버지의 죄를 만방에 드러내는 것이기 때문에 따를 수 없다고 하며 자살을 했다. 하서는 인종의 마음 씀씀이를 신생의 마음과 같은 것으로 보았다.

신생의 죽음은 어리석은 것이 아니다. 그것은 진리를 따른 것이다. 신생의 죽음 앞에서 후세의 많은 난신적자들이 부끄럽게 될 것이다. 사람의 삶은 육신이 끝나는 순간 함께 끝나는 것이 아니다. 사람이 진리대로 산다면 그 삶은 영원한 것이다. 영원의 기준에서 순간을 판단해야 한다. 그렇게 하는 것이 인仁의 마음으로 사는 것이다. 신생의 죽음은 육신의 죽음일 뿐이지, 삶 그 자체의 소멸이 아니다. 그렇기 때문에 공자는 신생을 꾸짖지 않았다.

이를 알게 된 하서는 죽음을 택한 인종의 어진 마음을 이해하게 되었다. 그렇다 하더라도 슬픔은 가시지 않는다. 심사가 산란하여 방황할 수밖에 없다. 이 방황은 육신이 끝나도 천 년이나 계속될 것 같다. 그만큼 인종의 죽음은 하서에게 애절한 것이었다. 하서는 인종과 함께 꾸었던 천국 건설의 꿈을 접어야 했다. 꿈을 접고 사는 신세란 새장에 갇힌 새의 신세와 같았다.

한 번은 외삼촌댁에서 기르던 자로새가 날아서 새집을 나간 일이 있자, 그 새가 다시 멀리 날아 도망갈 것을 염려하여 날개와 깃을 잘라 버린 일이 있었다. 이를 본 하서는 마치 자신의 신세처럼 여겨졌다. 좀 긴 시이지만 하서의 심정이 잘 드러난 시이기에, 한 번 읽어 보기로 하자.

> 강해에서 출생한 새가 있으니
> 날개가 보통 새와 다르군 그래
> 위에선 현학玄鶴과 무리가 되고
> 아래선 황곡黃鵠의 뒤를 따르네
> 깨끗한 델 가려서 쪼고 마시며

물가를 의지하여 깃드는구려

목욕 뒤엔 햇볕에 깃을 다듬고

멀리 서서 몸가짐을 바로 고치네

마을 사람 돈 벌이를 좋아하기로

잡아다 높은 집에 팔아 넘기니

깃과 털은 반이나 꺾여 빠지고

먹이는 주린 배를 채우지 못해

진흙 속의 개미 벌레 주워 먹으니

그 따위가 본성에 맞을 리 있나

이따금 하늘 향해 울어대면

옛 짝들 소리 듣고 서로 안다네

머리를 쳐들고도 날지 못하니

외로운 얽매임이 가엾다마다

술상 옆을 나직이 맴돌아 들어

귀 기울여 풍악 소리 듣기도 하네

풀잎을 입에 물고 춤을 출 때는

지세가 어찌 그리 의젓도 한지

하루아침 억센 날개 돋아났다가

한 번 펼쳐 일어나는 회오리바람

기운 떨쳐 넓은 들로 날아만 가니
아이들이 뒤를 쫓아 달음질 하네
얼마를 못가 도로 몰아들이니
또 다시 그물 속의 신세 되어라
깃털을 드문드문 잘라 버리니
가련타 네 간단들 어디로 가리
제 몸을 제 뜻대로 못 갖는 설움
돌아보면 이 어찌 너만이겠나[6)]

날개 꺾인 새의 신세가 된 하서는 크나큰 좌절을 맛보고 있어야만 했다. 그럴수록 인종에 대한 그리움은 쌓여만 갔다. 인종과 자신을 견우와 직녀에 빗대어 보기도 했다. 그러나 견우와 직녀는 일 년에 한 번씩 만날 기약이나 있지만, 인종과 자신은 영영 만날 수도 없다. 그러한 심경을 하서는 칠석부에서 읊고 있다.

향기로운 꽃은 시들기가 아주 쉬운 것
이별은 왜 이다지도 빠르단 말인가
서글피 서로에 대해 한숨 지우니
서쪽으로 가는 저 달이 원망스러워

하늘 닭이 날개 치며 새벽을 재촉하니

오래도록 머물 자도 머물 수 없는 신세

긴 생각에 잠기어라 실의의 모습

마음이 사뭇 닳아 넋을 잃었네

맑은 바람 다다라 이별을 참아야하리

쏟아지는 눈물만이 쌍 갈래로 떨어지네

구름은 아득아득 바다 빛이 떠오르고

두 눈은 가물가물 갈 길은 멀고 멀어

떠나간 어진 임을 그리노라니

날 갈수록 내 설움이 불어나누나

직녀는 게을러서 베도 못 짜고

견우는 홀로 하수에서 물을 마시네

한 해가 가고 나면 기약 있으니

굳은 맹세 간직하며 변할 줄 몰라

하느님의 후하신 은덕을 입어

날이 가고 달이 가고 철도 바뀌라

더더구나 천지는 장구하거니

회합의 때야 말로 얼마나 많나

멀리 떠난 수졸의 아내라던가

위 | 필암서원 확연루 아래 | 필암서원 경장각

이역에 귀양 사는 신하들 보면
남편이 못 돌아와 슬퍼만 하고
영영 떠난 임 그리워 눈물을 짓네
죽어도 한이 남아 소리 삼키니
어찌 이와 같다고야 할 수 있으리[7)]

억울한 심경을 달래느라 하서는 곧잘 술을 마셨다. 이러한 심경을 하서는 취옹에 빗대어 읊기도 했다.

얼음과 숯불이 가슴속에 엉켜 있으니
이야 말로 술 아니면 어찌 견디리[8)]

크나큰 뜻이 꺾여 버린 하서는 술 마시는 일이 많았다. 특히 매년 인종의 기일이 가까워지면 글을 폐하고 객도 만나지 않은 채 날을 보내며, 한 번도 문밖을 걸어 나간 적이 없었다. 기일에 이르러서는 술을 가지고 집 남쪽의 난산卵山 속에 들어가 한 잔 마시고, 한 번 곡하고, 슬피 부르짖으며, 밤을 지새우고 내려왔다. 하서는 종신토록 이와 같이 하여 한 번도 폐하지 않았다. 하서는 그러한 심경을 '유소사有所思'란 제목의 시로 읊었다.

한창 때 해로할 이 잃어버리고

눈 어둡고 이 빠지고 머리 희었네

묻혀 사니 봄가을 몇 번이더냐

오늘에도 오히려 죽지 못했소[9)]

하서의 한 평생은 슬픔과 좌절의 한 평생이었다. 그 뒤로 한 번도 벼슬길에 나간 적이 없었고, 서울에 올라간 적도 없었다. 그러나 하서는 한평생을 좌절만 하고 살 수는 없었다. 천국 건설의 꿈을 접기에는 아쉬움이 너무 컸다.

좌절 딛고 피우는 새로운 꿈

하서는 돌아왔다. 천국 건설의 꿈에서 현실로 돌아왔다. 세상 구제의 방향이 원주를 향한 원심력이라고 한다면, 그 반대의 방향은 구심을 향한 구심력이다. 작용이 크면 반작용도 크다. 강하게 떨어진 공은 강하게 튀어 오른다. 마찬가지로 치인治人의 방향으로 강하게 뻗어나던 하서의 마음은 그만큼 더 수기修己로 집중되었다. 대승大乘에서 소승小乘으로의 회귀인 셈이다.

하서는 어떤 부름에도 응하지 않고, 오직 수양 공부에 매달렸다. 수기와 치인 중에서 치인이 더 중요한 것이라 생각하는 사람이 있을 수 있다.

그러나 그것은 잘못이다. 수기가 완성되지 않은 상태에서 섣불리 치인에 힘을 쓰면 다스림은 거의 잘못된 방향으로 나아가고 만다. 반면 수기를 완성하기만 하면, 치인은 따로 하지 않아도 저절로 된다.

자로가 군자에 대해 물었을 때, 공자는 경건한 마음으로 자기를 닦는 것[修己以敬]이라고 대답했다. 치인에 대해서는 언급하지도 않았다. 그것뿐이냐는 반문을 받았을 때, 자기를 닦아 남을 편안케 하는 것[修己以安人], 자기를 닦아 백성을 편안케 하는 것[修己以安百姓]이라고 덧붙였을 뿐이다.

정치로 나아갔다가 좌절을 하고 돌아와 수양에 집중한 하서는 정치를 포기한 소극적인 사람이 된 것이 아니었다. 오히려 정치를 제대로 하는 바른 길로 들어선 것이다. 하서는 말한다.

> 진실로 오직 효도하는 것이 바로 정치인 것을[10)]
>
> 가정을 아니 나서도 교화를 이룬다[11)]

유학은 원래 수양을 중시하는 학문이다. 수기만 되면 치인은 저절로 되는 것으로 보았다. 이러한 이론은 성리학에 이르러 더욱 철저해졌다. 성리학자 하서는 이제 철저한 성리학의 이론에 따라 철저한 수양에 몰두하게 되었다. 특히 하서는 당나라 학자 이고李翺의 『복성서復性書』를 읽었다. 주자 이래로 『복성서』를 읽은 학자는 거의 없었던 것으로 보이는데, 하서가 『복성서』를 읽었다는 것은 그만큼 독서의 폭이 넓었음을 짐작케 하는 대목이기도 하다.

『복성서』는 성리학의 출발점이다. 성리학의 수양 체계가 『복성서』에서 출발한 것이라고 해도 과언이 아니다. 이를 기반으로 하서는 「복성부復性賦」를 지었다. 읽어 보기로 하자.

온갖 종류들이 태어날 적에
하느님이 명해 준 본성 받으니
천지의 마음과 다섯 윤리요
음양과 오행이 잘도 어울려
진실로 선善뿐이요 섞임 없어서
혼연히 진리 마음 녹아 있도다
그렇지만 막힘과 편벽함 있어
기질이 동일하지 않기 때문에
사람은 빼어난 기운 받아 신령하지만
그래도 지智와 우愚의 차가 있는 것
누를 벗고 가림이 열린다면
성인되는 그 길을 오르고 말고

요순堯舜처럼 본성대론 못한다지만

탕무湯武처럼 돌아옴엔 남음이 있네

배우고 묻고 생각하며 분변하여

날로 끊임없으면 복초復初가 되네

마음을 굳게 잡고 본성 지니면

나약함은 강해지고 어리석음 밝아져

어찌 분수 밖의 일에 애를 쓸 손가

아는 것을 미루어 행하면 되지

〈중략〉

홀로 깊이 우주를 생각함이여

밝게 배워 정성스레 살기를 원해

거듭 말하노니

물은 극히 맑은데 진흙이 흐리게 하고

성은 극히 선한데 물욕이 막아버리네

흐린 것이 없어지면 맑은 것이 나오고

막혔던 게 뚫리면 착함 회복 되나니

부지런히 부지런히 힘을 다 써서

처음의 모습으로 돌아와야지[12)]

문정공 하서 김인후 선생 상

하서의 수양 공부는 철저했다. 그의 일거수일투족은 모두 수도자의 그것이었다. 도를 닦는 길은 먼 데 있는 것이 아니다. 눈앞에서 일어나는 일 하나하나에 최선을 다하며 건전하게 학문에 열중하는 데 있다. 수양에 몰두한 하서는 큰 경지에 올랐다. 그러고 나면 육신의 생명에도 구애받지 않는데, 하물며 부귀영화 따위에 마음을 쓸 것은 더더욱 없었다. 하서가 벼슬에 초연하고 부귀영화에 초연한 것은 수양을 통해 터득한 그런 경지가 있었기 때문이었다.

큰 경지를 얻고 나면 세상을 보는 눈이 달라진다. 욕심의 눈으로 보면 세상은 아비규환의 지옥으로 보이지만, 진리의 눈으로 보면 세상은 지금 이대로가 천국이다. 천국은 다른 어디에 있는 것이 아니다.

공자가 제자들에게 소원을 말해 보라고 했을 때, 자로는 삼 년 안에 나라를 안정시키겠다고 했고, 염유는 사방 60리나 70리 아니면 50리나 60리 정도를 삼 년 안에 안정시키겠다고 했으며, 공서화는 종묘의 제사를 돕는 일이나 제후들이 회동할 때 돕는 정도의 일을 해내겠다고 말했으나, 증석은 아주 달랐다.

증석은 몇몇 사람들과 어울려 기수라는 강에서 목욕을 하고 무우라는 곳에 가서 바람을 쐰 뒤에 노래를 읊조리며 돌아오겠다고 말했다. 이에 공자는 증석이 제일 근사하다고 칭찬을 했다. 당시는 춘추시대로 세상이 극도로 혼란한 시대였다. 그런데도 공자가 증석을 칭찬한 이유는 세상사에 초연할 수 있었기 때문이다. 사람은 근본적으로 하늘과 하나이고, 우주와 하나이며, 만물과도 하나이다. 이 하나인 본질을 잊지 않고 있는 사람에게는 이 세상이 바로 천국으로 보인다.

이 세상은 원래 천국이었다. 이 세상이 전쟁터처럼 보였던 것은 욕심의 눈으로 보았기 때문이다. 욕심을 걷어 내고 한마음으로 바라보는 순간, 천국은 원래의 모습을 드러낸다. 이 세상을 천국으로 만드는 것은 자기에게 달려 있는 것이지, 남에게 달려 있는 것이 아니다. 이 세상은 과거와 지금이 바뀐 것이 없지만, 이 세상을 바라보는 내가 바뀐 것이다.

욕심으로 볼 때는 개체를 보지만, 한마음으로 볼 때는 전체를 본다. 개체로 보면 인생은 경쟁을 계속하다가 늙고 병들어 죽는 불행한 존재로 보이고, 세상은 언제나 불공평하게 보인다. 힘센 자와 가진 자는 끊임없이 약한 자와 없는 자를 착취한다. 악한 자들이 잘살고 착한 자들이 고생한다. 죄 없는 토끼는 늑대의 밥이 되고, 사슴은 사자의 밥이 된다.

그러나 전체로 보면 다르게 보인다. 내 몸 하나만이 내가 아니다. 모든 사람이 다 나다. 전체로 보면 경쟁하는 것이 삶을 건강하고 충실하게 만드는 방법으로 보인다. 내 몸이 늙는 것은 모두가 자라는 현상으로 보이고, 내 몸이 죽는 것이 모두가 살아가는 현상으로 보인다. 힘센 자와 가진 자가 약한 자와 없는 자를 착취하는 것을 보면, 약한 자를 힘센 자로 만드는 과정이고, 없는 자를 있는 자로 만드는 과정임을 알 수 있다. 악한 자들이 잘살고 착한 자들이 고생하는 모습을 보면, 악한 자들이 망하고 착한 자들이 성공하는 과정임을 알게 된다. 죄 없는 토끼가 늑대의 밥이 되고, 사슴이 사자에게 먹히는 것을 보면, 그것이 제대로 되고 있는 것임을 안다. 토끼와 사슴은 풀을 먹고 산다. 토끼와 사슴의 수가 너무 많으면, 초원의 풀이 모자라서 모두가 죽게 된다. 그러므로 늑대와 사자가 적정한 수만 남겨 놓고 나머지를 잡아먹는다. 그것이 토끼와 사슴을 살리는 최선의 방법이다.

세상은 지금 이대로 천국이다. 불만을 가질 것이 없다. 천국에서 천사의 모습으로 행복을 누리기만 하면 된다. 공자가 증점을 칭찬한 것도 이 때문이었다.

이 세상이 혼란한 것으로 보이는 것은 본질을 잊어버린 사람의 눈으로 보기 때문이다. 이 세상을 낙원으로 볼 수 있는 사람은 이 세상의 일에 초연할 수 있다. 공자는 그래서 내가 어느 날 하루 극기복례克己復禮[13)]하면 천하가 인仁의 모습이 된다고도 했다.

그렇다면 공자가 이 세상을 구제하기 위해 돌아다닌 근본 이유는 이 세상을 천국으로 만들기 위함이 아니다. 이 세상을 제대로 보지 못하여 고통받고 있는 사람들을 깨우치기 위함이었다.

하서도 그랬다. 수양에 철저하게 매달렸던 하서는 이 세상이 그대로 천국으로 보였다. 하서의 말을 직접 들어보자.

어둠 속에 운행하는 묘한 한 섭리
소리 냄새 하나 없어 아득만 하네
위로는 높고 둥근 곤륜을 뚫고

아래로는 두텁게 쌓여 있는 땅 밑까지
실지로 만 조화의 원동력이며
진실로 만물의 큰 한 뿌리
예로부터 지금까지 변함없는데
어느 한 물건인들 소외시키리
귀하도다 성인은 본성 다하여
그야말로 넓고 큰 하늘이로세
지묘한 본연을 포함하면서
고요하고 전일한 마음과 하나
이미 한 마음 전일하여 갈림 없어라
진실로 순수하여 둘이 아닌 걸
세상사 어지러이 바뀔지라도
대응하는 방법은 오로지 하나
두루 두루 응하여 모두 족하니
모든 것이 어울려서 낙원이 되네
천하가 제아무리 넓다 하지만
모두가 내 한 몸에 달려 있느니[14)]

진리를 얻은 사람은 천지와 하나가 되고, 우주와 하나가 되며, 만물과 하나가 된다. 그런 사람에게는 세상의 모든 것이 잘 어울려서 낙원이 된다. 그래서 세상사에 초연할 수 있다. 그렇다고 해서 그런 사람은 아무렇게나 살 수 있는 것이 아니다. 그런 사람의 삶은 진리의 길로만 간다. 그런 사람의 삶은 물과 같다. 물은 어디에도 얽매어 있지 않지만 아무 방향으로나 흐르지 않는다. 오직 아래로만 흐른다. 그것은 자연의 길이다. 하서의 삶도 그러했다.

그러나 하서는 공자와 달랐다. 공자는 세상 사람을 깨우치기 위해 돌아다녔지만, 하서는 그럴 수 없었다. 공자는 노나라에서 뜻을 이루지 못하면 위나라로, 위나라에서 뜻을 이루지 못하면 다시 제나라로 갈 수가 있었다. 그러나 하서는 그럴 수 없었다. 당시의 상황은 조선을 떠나 다른 나라로 갈 수 있는 상황이 아니었다. 조선에서 뜻을 이루기 위해서는 서울로 가야 하지만, 하서는 서울로 갈 수 없었고 정치에 관여할 수도 없었다. 그것은 하서 자신에게 허락되지 않는 일이었다. 그렇다면 어떻게 하는 것이 좋을까?

마침 친구이자 사돈인 양산보(梁山甫, 1503~1557)라는 사람이 있었다. 그는 멀지 않은 담양에 살고 있었다. 자는 언진彦鎭, 호는 소쇄공瀟灑公이며, 양사원의 세 아들 중 장남으로 담양 창평에서 태어났다. 15세에 상경하여, 정암 선생의 문하생이 되어 수학했다. 1519년 17세에 현량과에 합격했으나 나이가 어리다고 하여 벼슬에 나가지는 못했다. 그해 기묘사화로 스승

정암 선생이 화를 입어 귀향을 가게 되자, 유배지까지 따라가 스승을 모셨다. 그해 겨울 정암 선생이 사약을 받고 사망하자, 큰 충격을 받고 벼슬길을 등지고 낙향해 버렸다.

하서는 양산보를 만나자 떠오르는 인물이 있었다. '중산보中山甫'였다. 『시경』의 「대아大雅 증민烝民」이란 제목의 시에 중산보라는 사람을 찬양하는 노래가 있다. 양산보라는 이름은 그 중산보를 존경한 나머지 붙여진 이름이다. 중산보는 『시경』 전체를 통틀어 나오는 인물 중에서 인품과 지혜와 능력을 겸비한 인물이었다. 『시경』의 내용을 직접 읽어 보자.

하늘이 뭇 백성을 낳으셨으니
모든 것엔 제각각 법칙 있도다
그러기에 백성들의 떳떳한 본성
아름다운 인품을 좋아한다네
하늘이 주나라를 살펴보시고
잠깐 동안 이 땅으로 내려오시어
이렇게 맑은 천자 보호하고서
중산보 그 사람을 낳으셨노다

중산보 그 사람의 사람 됨됨은

부드럽고 아름답고 법도가 있네
아름다운 거동에다 고운 용모에
꼼꼼한 마음씨에 조심성까지
옛날의 가르침을 본받으면서
위의威儀 있는 몸가짐에 정성 다하며
천자의 거룩한 뜻 잘도 받들어
거룩한 그 뜻 밝혀 세상에 펴네

임금님이 중산보께 하명하셨네
모든 제후들의 모범이 되고
그대의 조상 뜻을 이어받아서
언제나 임금 몸을 보살펴 주고
임금의 명령을 받들 때에는
임금의 목이 되고 혀가 되어서
바깥으로 좋은 정치 펼쳐 내어서
온 천하에 두루두루 행하게 하라

엄숙하고 지엄하신 임금 명령을
중산보 그 사람이 도맡아 하네

제후들 나라들의 잘잘못들을
중산보 그 사람은 알고 있었네
현명하고 지혜롭게 처신하여서
자기 한 몸 무사히 보존을 하고
아침부터 밤늦도록 정성을 다해
애오라지 한 사람을 섬겨 내었네

세상의 사람들이 흔히 말하길
부드러운 것이면 삼키는 거고
딱딱한 것이면 뱉는 거라고
그러나 중산보 그 사람만은
부드러운 것이라도 삼키지 않고
딱딱한 것이라도 뱉지를 않네
홀아비 과부라도 깔보지 않고
난폭한 무리라도 두려워 않네

세상의 사람들이 흔히 말하길
덕이란 가볍기가 터럭 같거늘
그것을 드는 사람 드물다 하네

그러나 조심조심 살펴보니까
중산보 그 사람은 들고 있도다
그를 사랑하지만 도울 수 없네
임금님 하는 일에 결함 있으면
중산보 그 사람은 보완을 하네

중산보 길 떠나며 제사 드리네
네 필 수말 건장하고 늠름하구나
함께 가는 부하들 날래게 걸어
행여나 늦을세라 서두는구나
네 필 수말 가지런히 잘들 달리고
여덟 개의 방울 소리 딸랑거리네
임금께서 중산보께 하명하시어
저 동쪽 나라에 성을 쌓게 하셨네

네 필 수말 씩씩하게 잘도 달리고
여덟 개의 방울 소리 쩔렁거리네
중산보여 제나라에 가시더라도
하루 빨리 일 마치고 돌아오소서

이 길보가 노래 지어 부르옵나니

산들바람 불어오듯 훈훈합니다

중산보를 길이길이 그리워하며

외로울사 그대 마음 달래 봅니다

중산보는 당시의 임금 문왕을 도와 천국을 건설한 인물이었다. 하서 선생의 뜨거운 열정은 양산보를 만날 때마다 다시 불타올랐다. 양산보가 가진 땅에 천국을 건설하자! 거기가 천국을 건설하기에 가장 적합한 곳이다! 생각이 여기에 미친 하서 선생은 양산보와 논의하여 천국 건설에 들어갔다. 소쇄원은 이렇게 탄생되었다.

대나무 숲에서 시원한 바람 소리가 들려온다.

그 바람 소리는 막혀 있던 내 가슴 속을 시원하게 뚫고 지나간다.

심신이 상쾌해진다.

선경仙境으로 들어서는 나를 느낀다.

소쇄원에 들면서

대숲-대봉대-애양단-오곡문

맑을 '소瀟', 깨끗할 '쇄灑', 동산 '원園'.

'소쇄'라는 말이 본래 「공덕장孔德璋」의 '북산이문北山移文'에 들어 있던 말이라는 것은 염두에 둘 필요가 없다. 소쇄원은 인품이 맑고 깨끗해 속기俗氣가 없는 사람들이 사는 동산이란 뜻으로 이해하면 된다. 말하자면 천사들이 사는 천국이란 뜻이다.

하서 선생의 천국으로 들어서자 먼저 대숲이 나왔다.

대숲을 들어서며

대나무 숲으로 들어섰다. 대나무들이 하늘을 향해 쭉쭉 뻗어 있다. 그런 대나무 숲을 걷노라니 내 마음도 쭉쭉 펴지기 시작한다. 내 마음은 세파에 시달려 꼬일 대로 꼬여 있었다. 일이 뒤틀릴 때도 꼬였고, 남에게 무시를 당할 때도 꼬였다. 나보다 앞서 가는 사람을 볼 때도 꼬였고, 나보다 잘난 사람을 볼 때도 꼬였다. 그렇게 꼬이기만 하던 나의 마음이 쭉쭉 펴지기 시작한다.

그러자 대나무 숲에서 시원한 바람 소리가 들려온다. 그 바람 소리는 막혀 있던 내 가슴 속을 시원하게 뚫고 지나간다. 심신이 상쾌해진다. 선

경仙境으로 들어서는 나를 느낀다.

대나무 숲을 지나자 정자가 나온다. 대봉대待鳳臺라 쓰인 현판이 걸려 있다. 기다릴 '대待', 봉황새 '봉鳳', 집 '대臺'. 봉황을 기다리는 집이다.

두인도 없고 낙관도 없다. 누가 썼는지 알 수가 없다. 현판을 보면 사람들은 누구의 글씨인지 알고 싶어 한다. 얼마나 값이 나가는 작가의 글씨인지 그것이 궁금하다. 그러나 그런 것은 세속인들의 관심사일 뿐이다. 여기서는 그런 것이 아무 의미가 없다. 천국에 사는 사람들은 그런 것을 따지지 않는다. 누구의 글씨이든 관계가 없다. 누가 썼더라도 모두 천국의 사

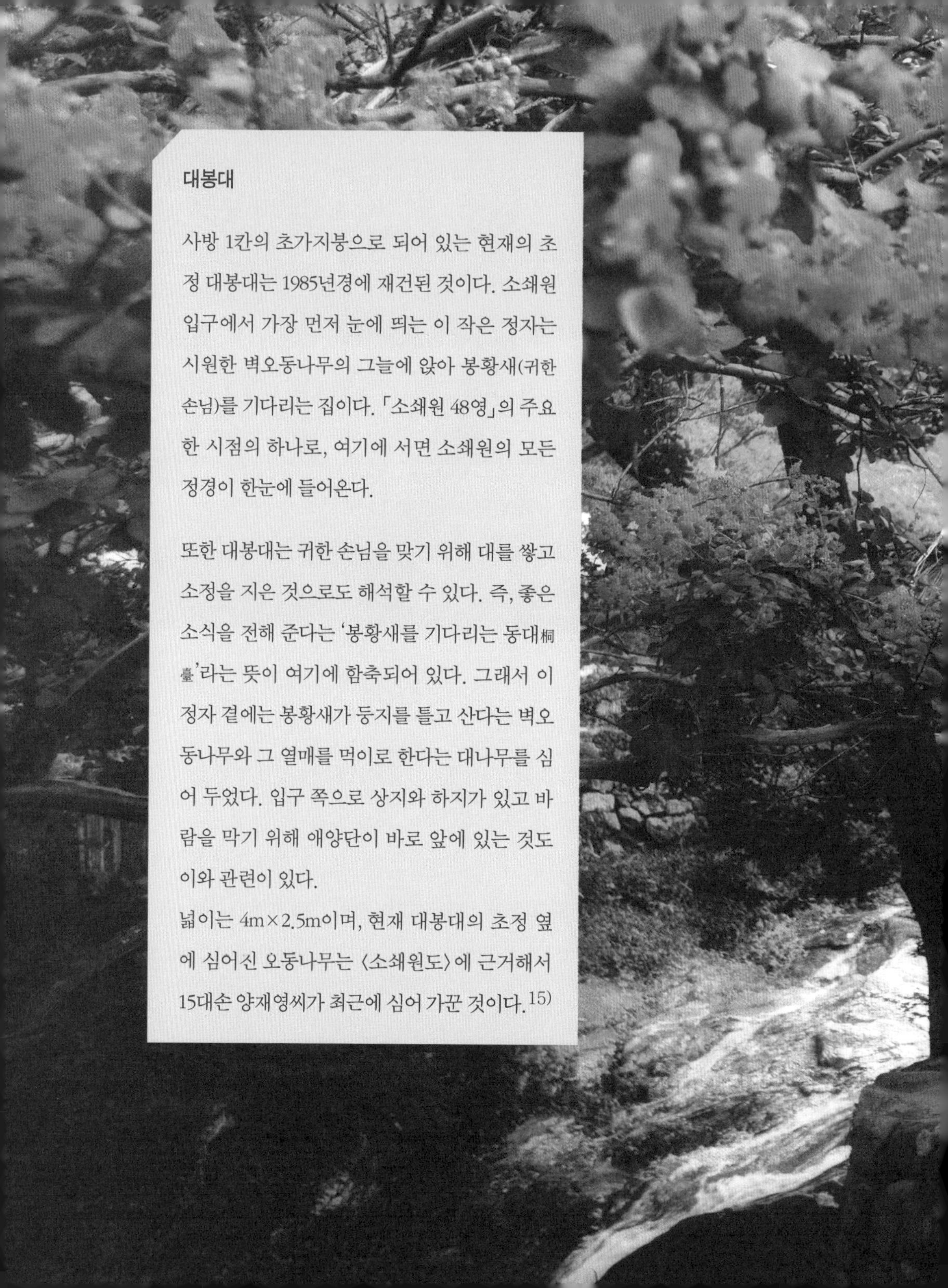

대봉대

사방 1칸의 초가지붕으로 되어 있는 현재의 초정 대봉대는 1985년경에 재건된 것이다. 소쇄원 입구에서 가장 먼저 눈에 띄는 이 작은 정자는 시원한 벽오동나무의 그늘에 앉아 봉황새(귀한 손님)를 기다리는 집이다. 「소쇄원 48영」의 주요한 시점의 하나로, 여기에 서면 소쇄원의 모든 정경이 한눈에 들어온다.

또한 대봉대는 귀한 손님을 맞기 위해 대를 쌓고 소정을 지은 것으로도 해석할 수 있다. 즉, 좋은 소식을 전해 준다는 '봉황새를 기다리는 동대桐臺'라는 뜻이 여기에 함축되어 있다. 그래서 이 정자 곁에는 봉황새가 둥지를 틀고 산다는 벽오동나무와 그 열매를 먹이로 한다는 대나무를 심어 두었다. 입구 쪽으로 상지와 하지가 있고 바람을 막기 위해 애양단이 바로 앞에 있는 것도 이와 관련이 있다.
넓이는 4m×2.5m이며, 현재 대봉대의 초정 옆에 심어신 오동나무는 〈소쇄원도〉에 근거해서 15대손 양재영씨가 최근에 심어 가꾼 것이다.[15)]

람이 쓴 글씨이다. 고려자기에도 작가의 이름이 없고 조선의 백자에도 작가의 이름이 없다. 그런 것이 중요하지 않기 때문이다.

여기는 천국이다. 천국에서는 모두가 주인공이다. 세속에서는 차별이 심하다. 장미꽃은 값이 비싸고 비싼 만큼 아름답다. 그러나 제비꽃은 값이 없고 아름답지도 않다. 그러나 천국에서는 그렇지 않다. 제비꽃 한 송이의 아름다움은 장미꽃 백만 송이를 합쳐도 흉내 낼 수 없다. 제비꽃 한 송이를 피우기 위해 태양이 빛났고, 비도 내렸다. 사계절이 순환했고, 소쩍새도 울었다. 온 우주가 동원되어 겨우 제비꽃 한 송이를 피운 것이다. 제비꽃 한 송이는 우주의 주인공이다.

제비꽃뿐만이 아니다. 나도 우주의 주인공이다. 우주의 주인공, 나는 봉황이다. 나뿐만이 아니다. 우리 모두가 다 봉황이다. 대봉대에 이르러 나는 그것을 깨달았다. 대봉대는 바로 나를 기다리는 집이다. 그리고 우리 모두를 기다리는 집이다. 『장자』「추수」 편에 다음과 같은 이야기가 나온다.

> 혜자가 양나라의 재상이었을 때 장자가 만나러 갔다. 그때 어떤 사람이 혜자에게 말했다. "장자가 오면 당신을 대신해서 재상이 되려고 할 것입니다." 이 말을 들은 혜자는 두려웠다. 그래서 사흘 낮과 사흘 밤 동안 온 나라 안을 뒤져서 찾게 했다. 이 사실을 안 장자는 직접 찾아가서 말했다. "남쪽 지방에 원추라는 이름을 가진 봉황새가 있었다네. 그대는 그

새를 아는가? 그 원추는 남해에서 출발하여 북해로 날아가지만 오동나무가 아니면 머물지 않고, 멀구슬나무의 열매가 아니면 먹지 않으며, 예천에서 솟아나는 단 샘물이 아니면 마시지를 않지. 그런데 그때 올빼미가 썩은 쥐를 물고 있다가 날아가는 원추를 보자 빼앗기지 않을까 염려하여 '꽥' 하고 소리를 질렀다네. 지금 그대는 그대의 양나라 재상 자리 때문에 나에게 '꽥' 하고 소리를 지르는구나."

봉황은 썩은 쥐를 먹지 않는다. 줘도 먹지 않는 것을 올빼미는 빼앗길까봐 걱정을 한다. 봉황은 주인공이다. 봉황은 고고하다. 그런데 그 봉황이 잠깐 한눈을 팔았다. 욕심에 눈이 멀어 양심도 팔았다. 자기가 봉황이라는 사실도 잊어버렸고, 아무도 그를 봉황이라 불러주지도 않았다.

내가 그랬다. 내가 우주의 주인공이라는 사실을 잊어 버렸고, 나를 주인공으로 인정해 주는 사람도 없었다. 나약하고 초라한 존재가 되어 고개를 떨어드린 채 절망하고 있는 것이 나였다. 그런 나를 대봉대는 봉황으로 맞아 주었다. 아무도 알아주지 않던 나의 본래 모습을 대봉대가 알아 주었다. 남이 찾아준 나의 본래 모습, 그 본래 모습을 보고 나는 나의 본래 모습으로 되살아났다. 되살아나는 것이 부활이다. 나는 부활을 했다. 대봉대에 이르러 나는 주인공으로 부활을 했다.

주인공으로 되살아난 나에게 소쇄원의 주인은 안내자를 보냈다. 그것

"험한 세상 사시느라 고생이 많았지요?"

"내가 차가운 바람을 다 막아줄 테니,

이제는 내 품에서 따뜻하게 쉬세요."

이 주인공을 주인공으로 대접하는 방식이다. 나를 맞이하는 안내자, 바로 담장이다. 담장이란 들어오지 말라고 만드는 것이다. 그러나 소쇄원의 담장은 그런 것이 아니다. 나를 안내하기 위해서 만들어진 것이다. 이리로 들어오시라고 담이 나에게 손짓을 한다. 소쇄원의 담은 유달리 정겹다.

담에 애양단愛陽壇이란 글자가 보인다. 햇빛을 사랑하는 단이란 뜻이다. 예전에 애양단이 있었던 자리일 것이다. 애양단 앞에 서니 마음과 몸이 따뜻해진다. 애양단이 속삭인다. "험한 세상 사시느라 고생이 많았지요?" "내가 차가운 바람을 다 막아줄 테니, 이제는 내 품에서 따뜻하게 쉬세요."

추운 겨울, 어머님이 보고 싶어, 20리나 되는 밤길을 걸어왔을 때, 얼어붙은 손을 꼭 잡아주시고, 온몸을 꽉 안아주시던 그 따뜻한 품이다. 발걸음을 뗄 수가 없다.

애양단을 지나자 오곡문五曲門이 나온다. 예전에는 담장 밖으로 오가는 문이 있었지만, 지금은 없어지고 흔적만 남아 있다고 안내자가 말을 한다.

숫자는 1에서 9까지 뿐이다. 모든 수는 1에서 9까지의 수로만 구성된다. 이 아홉 가지 숫자 중에서 5가 중간이다. 1, 2, 3, 4는 이쪽이고, 6, 7, 8, 9는 저쪽이다. 1, 2, 3, 4는 차안此岸이고, 6, 7, 8, 9는 피안彼岸이다.

정선, 〈장안연우長安烟雨〉, 지본수묵, 39.8 x 30cm, 간송미술관 소장

유명한 산수화는 대부분 이중 구조로 되어 있다. 차안을 표시하는 이쪽의 산수가 있고, 피안을 의미하는 저쪽의 산수가 있다. 그 가운데는 구름 골짜기가 가로지른다. 차안이 사바세계라면, 피안은 극락이다. 차안이 꿈같이 허망한 세상이라면, 피안은 영원히 존재하는 참된 세상이다. 참된 세상으로 가려면 구름 골짜기를 건너야 한다. 구름 골짜기는 피안으로 가는 건널목이다. 오곡문의 '5'라는 숫자가 바로 그 건널목이다.

있는 모습 그대로가 천국이고, 자연 그 자체가 천국이다.

그런 천국을 사람들은 욕심에 눈이 멀어 훼손을 했다.

훼손만 하지 않으면 그냥 그대로 천국이다.

있는 모습 그대로를 보여주기만 하면 그대로 천국이다.

소쇄원이 바로 그런 곳이다.

소쇄원을 거닐며

천국의 건널목 지나 시를 읊다
김인후의 「소쇄원 48영」

오곡문 아래로 개울물이 흐른다. 이 개울물은 그냥 흐르는 개울물이 아니다. 천국으로 건너가는 건널목이다. 개울물을 건너가야 완전한 천국에 이른다. 이 개울물을 건너면 나는 천국에 도달한다. 천국은 하늘 위에 올라가야 도달할 수 있는 곳이 아니다. 이 땅은 원래부터 천국이었다. 하느님이 점지하여 당신의 아들을 내려 보낸 그런 땅이었다.

있는 모습 그대로가 천국이고, 자연 그 자체가 천국이다. 그런 천국을 사람들은 욕심에 눈이 멀어 훼손을 했다. 훼손만 하지 않으면 그냥 그대로 천국이다. 있는 모습 그대로를 보여주기만 하면 그대로 천국이다. 소쇄원이 바로 그런 곳이다. 이는 땅 하나도 손댄 것이 없다. 언덕을 깎은 곳도 없다. 태고의 모습 그대로를 보존하고 있다. 언덕이 있고 물이 흐른다. 구름이 흘러가고 바람 소리 들린다. 비 갠 하늘에 밝은 달이 떠오른다. 제월당霽月堂이다.

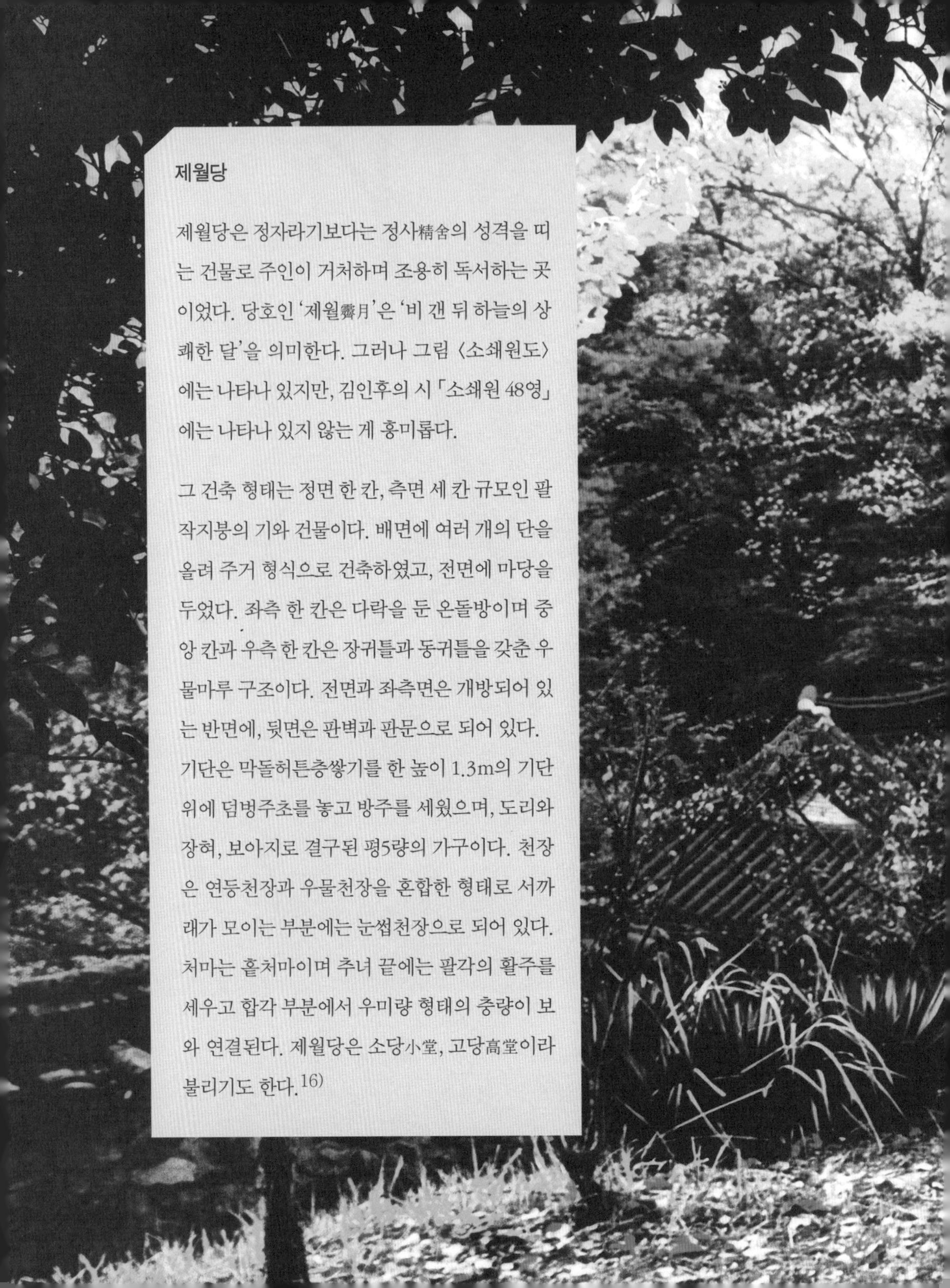

제월당

제월당은 정자라기보다는 정사精舍의 성격을 띠는 건물로 주인이 거처하며 조용히 독서하는 곳이었다. 당호인 '제월霽月'은 '비 갠 뒤 하늘의 상쾌한 달'을 의미한다. 그러나 그림 〈소쇄원도〉에는 나타나 있지만, 김인후의 시 「소쇄원 48영」에는 나타나 있지 않는 게 흥미롭다.

그 건축 형태는 정면 한 칸, 측면 세 칸 규모인 팔작지붕의 기와 건물이다. 배면에 여러 개의 단을 올려 주거 형식으로 건축하였고, 전면에 마당을 두었다. 좌측 한 칸은 다락을 둔 온돌방이며 중앙 칸과 우측 한 칸은 장귀틀과 동귀틀을 갖춘 우물마루 구조이다. 전면과 좌측면은 개방되어 있는 반면에, 뒷면은 판벽과 판문으로 되어 있다. 기단은 막돌허튼층쌓기를 한 높이 1.3m의 기단 위에 덤벙주초를 놓고 방주를 세웠으며, 도리와 장혀, 보아지로 결구된 평5량의 가구이다. 천장은 연등천장과 우물천장을 혼합한 형태로 서까래가 모이는 부분에는 눈썹천장으로 되어 있다. 처마는 홑처마이며 추녀 끝에는 팔각의 활주를 세우고 합각 부분에서 우미량 형태의 충량이 보와 연결된다. 제월당은 소당小堂, 고당高堂이라 불리기도 한다.[16)]

霽月堂

비 갤 '제霽', 달 '월月', 집 '당堂'. 비 갠 하늘에 떠오르는 달과 같은 집이다. 그 달을 바라보는 집이기도 하다. 사람이 지었어도 사람이 지은 집 같지가 않다. 집을 짓느라 땅을 훼손하지도 않았다. 집이 있어도 주변의 자연과 어긋나지도 않는다. 자연 위에 얹혀 있는 자연의 연장이다.

제월당은 주인이 머물고 있는 집이다. 제월당에 이르러 비로소 천국의 주인을 만난다. 비 갠 뒤의 밝은 달을 본 적이 있다. 한 점의 티끌도 없이 투명하다. 제월당에 앉아 있는 주인의 마음 또한 그렇다. 제월당의 마루에 유난히 눈에 띠는 분이 계신다. 해맑은 미소를 지으며 우리를 따뜻하게 맞아주시는 분이 계신다. 바로 하서 김인후 선생이시다.

하서 선생은 우리들에게 소쇄원의 모습을 마흔여덟 가지로 나누어 자상하게 설명해 주신다. 제월당에 걸려 있는 「소쇄원 48영瀟灑園四十八詠」이 그것이다. 모두 천국의 모습들이다. 선생의 인자한 모습이 어른거리고, 선생의 따뜻한 목소리가 들린다. 하나도 빼놓지 않고 잘 들어야겠다.

소정빙란小亭憑欄

작은 정자의 난간에 기대어

소쇄원 안에 있는 모든 경치는	瀟灑園中景 소 쇄 원 중 경
하늘이 빚어 만든 천국의 모습	渾成瀟灑亭 혼 성 소 쇄 정
보기만 해도 시원하고 흐뭇해지네	擡眸輸颯爽 대 모 수 삽 상
천상의 소리 아롱아롱 귀에 들리고	側耳聽瓏玲 측 이 청 롱 령

천국에서는 이것과 저것의 차이가 없고, 너와 내가 따로 없다. 모든 것이 하나로 어울려 있다. 이런 모습을 장자莊子는 혼돈渾沌이라 했다. 남쪽에 있던 숙儵과 북쪽에 있던 홀忽이 중앙에 있는 혼돈을 만났다. 그들은 혼돈에게 제일 좋은 대접을 받았다. 제일 좋은 대접은 상대를 남으로 생각하지 않는 것이다.

사람이 사람을 만날 때는 무심코 만나지 않는다. 만나는 순간부터 온갖 이해타산을 하기 시작한다. 지위는 어느 정도인지, 돈이 많은 사람인지, 학력은 어느 정도 되는 사람인지, 옷은 어떤 것을 입고 있는지, 얼굴은 어느 정도 예쁜지, 사귀면 득이 될 사람인지, 아니면 손해를 볼 사람인지 등등을 따지며 훑어본다.

그런 시선을 대할 때 사람은 상처를 받는다. 얼굴이 못생겨서 상처를 받고, 돈이 없어서 상처를 받는다. 힘이 약해서 상처를 받고, 학력이 모자라서 상처를 받는다. 그래서 사람들은 온통 상처투성이이다. 남남끼리 만난다는 것, 그 자체가 긴장이고 스트레스다.

긴장이 풀리고 상처가 아무는 방법은 오직 한 가지, 남으로 의식하지 않는 사람을 만날 때뿐이다. 남으로 의식하지 않는 사람, 그런 사람이 혼돈이고, 그런 사람이 사는 곳이 혼돈이다. 혼돈이 천국이고, 혼돈이 자연이다.

소쇄원이 바로 그런 곳이다. 소쇄원에서는 마음을 푹 놓아도 된다. 눈에 보이는 것이 모두 천국의 모습이고, 귀에 들리는 것이 모두 천상의 소리다. 우리는 지금 천국에 왔다. 모든 근심 걱정을 다 내려놓고 마음껏 천국을 누리면 된다.

침계문방枕溪文房

시냇가 글방에서

창문이 밝아도 근심 걱정 하나 없어	窓明籤軸淨 창 명 첨 축 정
물 바위에 어른거리는 하느님 얼굴	水石暎圖書 수 석 영 도 서
마음을 가다듬고 위아래를 살펴보니	精思隨偃仰 정 사 수 언 앙
솔개 날고 물고기 뛰는 여기가 천국	妙契入鳶魚 묘 계 입 연 어

첨축籤軸 : 주역의 괘를 뽑는 도구. 시초 등을 넣어두는 통.

도서圖書 : 하도河圖와 낙서洛書. 하도는 복희씨 때 황하에서 용마龍馬가 등에 지고 나왔다는 그림이고, 낙서는 하夏나라의 우禹임금이 홍수를 다스릴 때, 낙수洛水에서 나온 거북의 등에 새겨져 있었던 무늬. 하도와 낙서는 성인이 세상을 지상 천국으로 만들기 위해 나타날 때 하늘이 그를 위해 내려주는 계시.

연어鳶魚 : 『시경』「대아 문왕지십 한록」에 나오는 '솔개가 날아 하늘에 이르고, 물고기가 연못에서 뛴다[鳶飛戾天, 魚躍于淵]'란 구절에서 따온 것이다.

날이 밝으면 일어나 세상살이가 시작된다. 세상살이, 참 복잡하고 어렵다. 어려운 문제 하나 해결하고 나면 다시 다른 어려움이 찾아온다. 어려움을 해결하는 가장 좋은 방법 중의 하나가 『주역』을 펼쳐서 괘를 뽑는 것이다. 괘를 뽑기 위해서는 상자 속에 넣어둔 시초를 꺼내서 사용한다. 시초를 넣어둔 상자가 첨축籤軸이다. 어려운 문제가 많을수록 시초 통을 열었다 닫았다 분주해진다.

그러나 소쇄원에 오면 달라진다. 소쇄원은 천국이다. 여기는 어려운 일이 하나도 없다. 시초 통을 열 일이 없어 늘 그 자리에 있다. 손때 하나 묻지 않아 깨끗하기만 하다.

시내를 보니 맑은 물이 흐른다. 투명하기 그지없다. 천국의 물은 역시 다르다. 그 물속에 있는 돌들도 곱기가 극에 달했다. 그 물과 돌들에 하느님의 얼굴이 어른거린다. 이 세상은 원래 하느님이 만드신 천국이었다. 산도 하늘의 작품이고, 물도 하늘의 작품이다. 구름도 하늘의 작품이고 돌들도 하늘의 작품이다. 이 세상은 하늘의 작품으로 가득한 천국이다.

그 천국을 사람들이 너무 더럽혔다. 그것이 안타까워 하늘은 다시 성인聖人에게 지시를 했다. 황하에서 나온 거북이의 등에 그림이 있었고, 낙수에서 나온 말 등에 글이 쓰여 있었다. 하도河圖와 낙서洛書가 그것이다. 하도와 낙서는 하늘이 성인에게 천국의 모습을 되찾으라고 내려준 지시다. 성인은 그 지시를 따라 세상을 천국으로 만들었다.

하서 선생은 이 세상을 천국으로 만들기 위해 나온 사람이었다. 선생은 이 세상을 천국으로 만들기 위해 먼저 하도나 낙서 같은 하늘의 지시를 받아야만 했다. 그러나 그렇지 못했다. 하서 선생은 실망을 했다. "나는 성인이 아니란 말인가?" "하도와 낙서가 왜 나에게는 나타나지 않는단 말인가?"

그러던 어느 날 하서 선생이 문방에서 시내를 보고 깜짝 놀랐다. 거기에 하도와 낙서가 어른거렸다. 돌에 드러난 아름다운 얼굴이 하도이고, 시내를 흐르는 맑은 물소리가 낙서다. 이처럼 하느님은 쉬지 않고 하도와 낙서를 보내주신다. 다만 사람들이 그것을 알아차리지 못할 뿐이다. 하서 선생은 시냇가 문방에서 이를 깨달으셨다. 알고 보니 온통 하느님의 얼굴이고 하느님의 말씀이다.

마음을 가다듬고 조용히 위아래를 살펴보니, 하늘 위에는 솔개가 날고 물에서는 물고기가 뛴다. 『시경』에는 천국을 노래하여 '솔개가 날아 하늘에 이르고, 물고기가 연못에서 뛴다.'고 했고, 『중용』에서도 이 시를 인용했다. 사람들은 하늘을 바라보고 '솔개가 하늘을 난다.'고 하고, 연못을 굽어보고 '물고기가 연못에서 뛴다.'고 하지만, 그런 것이 아니다. 만약 그렇다면, 하늘을 나는 솔개는 물속에 들어가 보지 못하는 것이 서운할 수 있고, 물속에 있는 물고기는 하늘을 날시 못해 십십할 수도 있다.

그러나 사실은 그렇지 않다. 솔개는 하늘을 나는 것이 아니고, 물고기는 연못에서 헤엄치는 것이 아니다. 솔개는 자기가 솔개라고 생각하지도 않고, 날고 있다고 생각하지도 않는다. 저절로 솔개의 모양이 되었고, 저절로 날고 있다. 그러므로 솔개가 아니라 자연이고, 나는 것이 아니라 자연이다. 물고기 또한 마찬가지다. 물고기가 아니라 자연이고, 헤엄치는 것이 아니라 자연이다. 자연이라는 의미에서 차이가 없다. 똑같은 자연이므로 일체의 구별이 없고, 일체의 불만이 없다. 그런 상태가 혼돈이고 그런 상태가 천국이다.

하서 선생은 알았다. 사람도 사람이 아니라 자연이다. 태어나는 것도 자연이고, 자라는 것도 자연이며, 죽는 것도 자연이다. 그런 의미에서 태어나는 것과 죽은 것이 차이가 없다. 생사일여生死一如. 지금 이 자리, 시냇가 문방이 시냇가 문방이 아니라 자연이다. 그대로 혼돈이고 천국이다. 우리도 선생처럼 시냇가에서 이를 깨달으면 된다.

위암전류危巖展流

높은 바위에서 펼쳐 흐르는 물

흐르는 시냇물에 돌이 씻겨 깨끗하다	溪流漱石來 계 류 수 석 래
온 골짜기에 깔려 있는 하나의 통반석	一石通全壑 일 석 통 전 학
하얀 베 한 폭이 그 중간에 펼쳐 있네	匹練展中間 필 련 전 중 간
비스듬한 저 벼랑도 하늘이 만든 작품이고	傾崖天所削 경 애 천 소 삭

물이 흐른다. 맑디 맑다. 이렇게 투명한 물, 지상의 물이 아니다. 그 물이 흐르며 돌을 씻어준다. 저렇게 깨끗한 돌이 또 있을까? 저 돌은 온 골짜기에 깔려 있는 통돌이다. 저 돌은 너와 나의 구별이 없다. 전부 하나다. 천국의 모습이 바로 이렇다. 천국에서는 너와 나의 구별이 없다. 마음이 하나이기 때문에 몸도 하나다.

그렇다고 해서 모두 똑같이 움직이는 것은 아니다. 각각의 움직임이 다르고 소리가 다르다. 그것이 묘한 무늬를 이룬다. 여기, 반석 위를 흐르는 물도 무늬가 되어 있다. 마치 한 폭의 하얀 비단을 펼쳐놓은 듯하다. 비스듬히 비켜 있는 저 벼랑도 그냥 벼랑이 아니라, 하느님이 만든 작품이다.

부산오암負山鼇巖

산을 등지고 있는 자라 바위

등 뒤의 푸른 산은 듬직도 하고	背負青山重 배 부 청 산 중
눈앞에는 벽옥 같은 시냇물 흘러	頭回碧玉流 두 회 벽 옥 류
긴긴 세월 이 자리에 넘치는 기쁨	長年安不抃 장 년 안 불 변
여기 있는 집들 보니 선계보다 좋아라	臺閣勝瀛洲 대 각 승 영 주

안불변安不抃 : 어찌 손뼉 치지 않으리. 기쁠 때 손뼉 치는 모습. 여기서는 '넘치는 기쁨'으로 번역했다.

영주瀛州 : 삼신산三神山 중의 하나. 동해의 신선이 산다는 곳.

자라 바위가 있다. 머리가 영락없이 자라다. 자라의 등 뒤에는 푸른 산이 듬직하다. 험하지도 않고, 척박하지도 않다. 언제 봐도 넉넉하고 흐뭇하다. 자라는 흐르는 시냇물을 바라보고 있다. 파르스름한 옥돌의 빛이 흘러내린다. 잠깐만 바라봐도 흐뭇한 이 모습을, 억만 년을 쉬지 않고 함께 있는 바위 자라다. 바라보고 있는 내가 문득 바위 자라로 빨려들어가고 말았다. 내가 바위 자라다. 너무나 기쁘다. 어머니 품속에서 손뼉 치며 좋아하던 어린아이 마음이 되었다. 여기는 어머니 품속이다. 여기는 천국이다. 신선들이 사는 선계보다도 제월당이 있고 광풍각이 있는 이곳이 훨씬 낫다. 여기 있는 사람들은 천진한 아이들 같다.

석경반위石逕攀危

돌로 된 오솔길을 높이 오르며

외줄기 오솔길에 벗들이 늘어섰다	一逕連三益 일 경 연 삼 익
오를수록 한가하고 마음 편안해	攀閒不見危 반 한 불 견 위
속세 사람 발자취가 아예 없으니	塵蹤元自絶 진 종 원 자 절
이끼의 빛깔조차 밟을수록 더욱 고와	苔色踐還滋 태 색 천 환 자

삼익三益 : 공자는 익자삼우益者三友라 하여 도움이 되는 세 종류의 벗으로, 정직하고, 미덥고, 견문이 많은 벗을 들었고, 익자삼락益者三樂이라 하여 도움이 되는 세 종류의 즐거움으로, 예악에 맞는 것, 남의 좋은 것을 말하는 것, 어진 벗이 많은 것을 들었다.

오솔길을 따라 올라간다. 눈에 들어오는 것이 모두 반가운 벗들이다. 돌 하나도 벗이고, 나무 한 그루, 풀 한 포기도 벗이다. 만나서 피곤한 벗이 아니라, 마냥 좋기만 한 벗이다. 올라갈수록 점점 더 한가롭다. 마음이 푹 놓인다. 긴장하고 있으면 싸우지 않고 있어도 평화롭지 않다. 조금도 긴장하지 않고 마음 푹 놓고 있어야 평화다. 여기가 그런 곳이다.

여기는 속세의 흔적을 찾아볼 수 없다. 여기는 완전한 천국이다. 천국에서는 모두가 주인공이다. 소외되는 것은 하나도 없다. 발에 밟히는 이끼조차 생기가 돈다. 발에 밟혀도 더욱 고와지는 것은 행복하기 때문이다.

소당어영小塘魚泳

작은 연못에 고기떼 놀고

한 이랑이 다 못되는 네모진 연못	方塘未一畝 방 당 미 일 무
맑은 물 모으기엔 넉넉하구나	聊足貯淸漪 료 족 저 청 의
물고기들 즐거워서 내 그림자 따르네	魚戲主人影 어 희 주 인 영
낚싯줄 드리울 마음 아예 없어라	無心垂釣絲 무 심 수 조 사

조그만 연못이 있다. 참으로 작다. 천국에서는 큰 것을 자랑하지 않는다. 큰 것을 뽐내는 것은 힘자랑하는 사람들의 속된 처사다. 천국에서는 남이 없다. 모두가 하나로 통하기 때문에 힘자랑을 하지 않는다.

조그만 연못에 물이 맑다. 도둑의 마음을 가지고 있으면 도둑이고, 하늘의 마음을 가지고 있으면 하늘이다. 천국에는 맑은 물밖에 없다. 맑은 물을 담고 있는 연못은 그대로 천국의 연못이다. 그 연못에 물고기들 노닐고 있다. 물고기들이 내 그림자 따라 모이는 것을 보면 물고기들이 나를 좋아하는 것이 틀림없다. 나를 좋아하는 물고기들을 보니 나도 물고기들이 좋다. 천국에서는 모두가 벗이 되어 어울린다. 나도 저 물고기들과 어울리고 싶다. 물고기를 보고 낚시로 잡을 생각을 하는 사람은 속된 사람들이다.

고목통류刳木通流

나무 홈통을 타고 흐르는 물

홈을 판 나무통으로 샘 줄기 흘러내려	委曲通泉脈 위 곡 통 천 맥
높고 낮은 대숲 아래 연못 생겼네	高低竹下池 고 저 죽 하 지
물줄기 쏟아져 물방아에 흩어지고	飛流分水碓 비 류 분 수 대
피라미 가재들이 어지러이 노니네	鱗甲細參差 인 갑 세 참 치

위곡委曲 : 세밀하고 정교함

수대水碓 : 물레방아. 물방아.

용운수대春雲水碓

구름 찧는 물레방아

하고 한 날 좔좔 흘러 떨어지는 힘 永日潺湲力 영일잔원력

구름을 찧고 찧어 천국을 연출하네 舂來自見功 용래자견공

하늘 자손이 짜서 만든 베틀 위 비단 天孫機上錦 천손기상금

절구질 소리에 펼쳤다가 말렸다가 舒卷擣聲中 서권도성중

천손天孫 : 하늘 자손. 여기서는 하늘에서 베를 짜는 직녀성織女星을 말한다.

세상의 물레방아는 곡식을 찧지만, 천국의 물레방아는 구름을 찧어서 비를 만들고 물을 만든다. 천국에 있는 모든 존재는 잠시도 쉬지 않고 천국을 연출한다. 천국이란 천국에 있는 모든 존재들이 만들어 낸 합작품이다. 모든 존재들이 모두 일등공신들이다.

구름을 찧어서 흘러내리는 폭포는 천상의 직녀가 짜서 만들어 놓은 한 폭의 비단이다. 폭포도 일을 한다. 폭포 소리는 천상의 물방아가 연출하는 절구질 소리다. 폭포 소리에 맞춰 천상의 직녀는 자기가 짜놓은 비단을 말았다가는 펼치고, 펼쳤다가는 말고 하면서 쉬지 않고 일한다.

투죽위교透竹危橋

높이 걸쳐 있는 통대나무 다리

골짜기에 걸쳐 있는 대나무 다리	架壑穿脩竹 가 학 천 수 죽
높기도 하여라 하늘 위에 떠 있는 듯	臨危似欲浮 임 위 사 욕 부
숲 속의 연못 원래 빼어난 절경	林塘元自勝 임 당 원 자 승
이를 얻어 더욱 맑고 그윽해졌네	得此更淸幽 득 차 갱 청 유

수죽脩竹 : 긴 대나무. 대는 나무가 아니므로, 대라고 해야 하지만, 통상 대나무로 불리고 있다.

위危 : 위험하다. 높은 곳은 위험하므로, 높은 것을 뜻하기도 한다.

천간풍향千竿風響

대나무가 연주하는 바람 교향곡

하늘가 저 멀리로 사라졌다가	已向空邊滅 이 향 공 변 멸
다시 고요한 데서 일어나는 소리	還從靜處呼 환 종 정 처 호
바람 소리 대나무에 정이 없을까	無情風與竹 무 정 풍 여 죽
밤낮으로 연주하는 피리와 젓대	日夕奏笙竽 일 석 주 생 저

천국에 음악이 없을 수 없다. 바람 소리, 새 소리, 물 흐르는 소리. 모든 소리는 천상에서 연주되는 교향곡이다. 대나무가 연주하는 교향곡은 일품이다. 휙 하고 하늘가 저 멀리로 사라졌다가 다시 고요한 곳에서 작은 소리가 일어난다. 바람에도 정이 있고 대나무에도 마음이 있다. 그 마음 그 정으로 밤낮없이 연주한다.

지대납량池臺納涼

연못 가 집에 앉아 더위 식히네

남쪽 나라 여름 더위 지독하지만	南州炎熱苦 남 주 염 열 고
이곳만은 유달리 서늘한 가을	獨此占涼秋 독 차 점 량 추
집 가의 대숲에서 바람이 일고	風動臺邊竹 풍 동 대 변 죽
못물이 돌 위로 나눠 흐르네	池分石上流 지 분 석 상 류

남쪽 나라에 더위가 와도 천국에서는 괴롭지 않다. 대숲이 바람을 일으켜 부채질하고, 맑은 물 흘러내려 더위 식힌다.

매대요월梅臺邀月

매화 핀 집에 앉아 맞이하는 달

숲 끊어져 트인 곳에 자리 잡은 집	林斷臺仍豁 임 단 대 잉 활
달 떠오를 그때가 유달리 좋아	偏宜月上時 편 의 월 상 시
어여뻐라 검은 구름 다 흩어지고	最憐雲散盡 최 련 운 산 진
차운 밤에 비치는 맑은 그 모습	寒夜映氷姿 한 야 영 빙 자

소쇄원은 천국이지만, 달 떠오를 때는 그 모습이 더욱 선명해진다. 검은 구름 한 점 없이 다 흩어지면, 한 폭의 선경仙境이 연출된다. 눈앞에서 피어 있는 매화꽃 한 잎 한 잎이 환상적이다.

광석와월廣石臥月

넓다란 바위에 누워 바라보는 달

푸른 하늘 달 아래 나와 누우니	露臥靑天月 노 와 청 천 월
넓다란 돌 하나가 돗자리 되어 주네	端將石作筵 단 장 석 작 연
긴 숲에 흩날리는 맑은 그림자	長林散淸影 장 림 산 청 영
밤이 깊어져도 잠 이룰 수 없어라	深夜未能眠 심 야 미 능 면

원규투류 垣竅透流

담장 밑을 뚫고 흐르는 물

걸음 걸음 물결 보며 올라가면서	步步看波去 보 보 간 파 거
시 읊으니 생각이 더욱 그윽해	行吟思轉幽 행 음 사 전 유
참 근원을 사람들은 찾지를 않고	眞源人未泝 진 원 인 미 소
담장 뚫고 흐르는 물만 멍하니 보네	空見透墻流 공 견 투 장 류

물결은 근원이 있다. 깊은 지하수에서 흘러나온 물은 졸졸 흘러도 바다에 이르지만, 소나기 온 뒤에 흐르는 큰물은 금방 마르고 만다. 맹자가 한 말이다.

모든 나뭇잎이 하나의 뿌리에서 생겨났듯이, 이 세상의 모든 것은 하늘의 힘으로 펼쳐져 있다. 그러나 하늘의 힘은 보이지 않는다. 그 때문에 사람들은 하늘의 힘으로 살면서 하늘을 잊어버렸다. 사람들은 하늘을 잊어버리고 눈에 보이는 세상만 전부인 줄 안다. 하늘을 잊어버리면 사람들은 모두 남남이 된다. 그래서 사람들은 힘자랑하기 바쁘다. 모든 물은 근원에서 흘러오지만, 근원을 생각하지 않고 그저 흐르는 물만을 본다.

행음곡류杏陰曲流

은행나무 그늘 아래 굽이도는 물

지척에서 졸졸 찰찰 흐르는 소리	咫尺潺湲地 지 척 잔 원 지
오곡에서 흘러오는 물결이로다	分明五曲流 분 명 오 곡 류
그 옛날 냇가에서 말씀하신 뜻	當年川上意 당 년 천 상 의
지금 찾아봅니다 은행나무 가에서	今日杏邊求 금 일 행 변 구

오곡에서 물이 흐른다. 졸졸 찰찰 쉬지 않고 흐른다. 공자는 냇가에서 물을 보고 읊은 적이 있다. 물은 잠시도 쉬지 않고 흐른다. 인생도 이와 같이 흐른다. 물은 흘러 사라지지만, 근원의 물은 영원하다. 사람이 사는 것도 마찬가지다. 사람은 늙고 죽어가지만, 삶의 근원은 변함이 없다. 그 근원을 보고 살면, 변함이 없다.

가산초수假山草樹

가산의 풀과 나무

힘들이지 않고도 산이 되었네	爲山不費人 위 산 불 비 인
조물주가 만들어 낸 산 같은 돌	造物還爲假 조 물 환 위 가
군데군데 풀숲이 우거져 있어	隨勢起叢林 수 세 기 총 림
의젓한 산이요 버젓한 들판	依然是山野 의 연 시 산 야

가산 假山 : 산 모양을 한 돌이나 나무. 산 모양을 한 돌은 석가산이고, 나무는 목가산이다. 목가산은 죽은 나무 등걸인 경우가 많다.

조물주가 하는 일은 어찌 이리도 기기묘묘할까. 바위를 만들어도 산이 된다. 석가산이다. 군데군데 풀숲까지 우거져 있어 영락없는 산이다.

송석천성松石天成

소나무 바윗돌도 하느님 작품

높은 뫼서 굴러 내린 조각 바윗돌	片石來崇岡 편석래숭강
뿌리 얽혀 서 있는 작은 소나무	結根松數尺 결근송수척
영원토록 온몸 가득 꽃을 피우고	萬年花滿身 만년화만신
몸을 낮춘 푸른 모습 하늘 되었네	勢縮參天碧 세축참천벽

세속의 사람들은 하늘의 얼굴을 보고도 하늘인 줄 모른다. 작은 풀 한 포기도 하늘의 얼굴이고, 개울물에서 튀어 오르는 물방울도 하늘의 얼굴이다. 하늘의 얼굴이 아닌 것이 없다. 그렇지만 세속의 사람들은 그것을 알지 못한다. 오직 큰 것이 좋고 힘센 것이 좋고 돈 되는 것이 좋다.

바위 조각 틈에서 자라나고 있는 소나무 한 그루. 뿌리가 돌을 감고 있다. 나지막한 키에다 비틀린 가지. 그럴수록 끈질긴 생명력은 꽃을 잔뜩 피운다. 세속 사람들에게는 그런 소나무가 눈에 들어오지 않는다. 재목으로도 쓸 수 없고, 바라볼 가치도 없다. 그러나 하서 선생의 눈에 들어오면 다르다. 소나무의 생명은 우주의 생명이고, 소나무의 모습은 하늘의 모습이다. 천국에서는 모든 것이 하늘의 모습으로 되살아 난다. 모든 것이 주인공이다. 소외되는 것은 하나도 없다.

편석창선遍石蒼蘚

바위를 덮고 있는 푸른 이끼들

늙은 돌에 안개구름 축축하더니	石老雲烟濕 석 로 운 연 습
파릇파릇 이끼들이 꽃을 이뤘네	蒼蒼蘚作花 창 창 선 작 화
산골짜기 가득한 하나의 생명	一般丘壑性 일 반 구 학 성
번화한 속세엘랑 미련 없어라	絶意向繁華 절 의 향 번 화

천국에서는 모두가 주인공이다. 오래된 바위에 끼여 있는 이끼도 예외 없이 주인공이다. 파릇파릇 돋아난 이끼의 고운 자태는 꽃보다 아름답다. 아무도 이끼의 아름다움을 흉내 내지 못한다.

온 대밭의 대나무들이 하나의 뿌리에서 자라고 있듯, 산골짜기에 가득한 뭇 생명들도 모두 하나의 마음으로 살고 있다. 하나의 마음을 잃지 않으면, 모두가 하나 되어 흐뭇해진다. 하나가 되는 것보다 더 흐뭇한 것은 없다.

사람들은 하나가 되지 못하기 때문에 경쟁하고 긴장한다. 그런 세상은 가치의 서열이 힘을 중심으로 재편된다. 그런 세상은 자꾸 번화해지고, 자꾸 천박해진다.

소쇄원에서는 이끼도 벗이다. 이끼와 나는 하나의 생명이다. 이끼와도 하나가 되는 사람은 모든 것과도 하나가 된다. 모두 하나가 되어 흐뭇해진 세계가 천국이다. 천국에 사는 사람은 지옥에 마음을 두지 않는다. 마찬가지로 소쇄원에서 유유자적하는 사람은 속세에 마음을 두지 않는다.

탑암정좌 榻巖靜坐

평상 바위에 고요히 앉아

벼랑 위에 오랫동안 앉았노라니	懸崖處坐久 현 애 처 좌 구
깨끗해진 마음에 바람 소리 들리네	淨掃有溪風 정 소 유 계 풍
맞닿는 무릎이야 뚫리건 말건	不怕穿當膝 불 파 천 당 슬
관물하는 늙은이에겐 가장 알맞아	便宜觀物翁 편 의 관 물 옹

벼랑 위에 걸려 있는 평평한 바위에 앉아 명상에 들어갔다. 욕심의 덩어리가 빠져나가고, 마음이 깨끗해졌다. 계곡에서 불어오는 바람 소리 들린다. 욕심에 사로잡혀 있을 때는 바람 소리를 들어도 바람 소리로만 들렸다. 그러나 지금의 바람 소리는 천상의 소리다. 이제 내 몸은 내 몸이 아니다. 더 이상 몸에 집착할 것이 없다. 무릎이 뚫어지든 말든 상관할 것도 없다.

마음속에 '나'라는 것이 자리 잡고 난 뒤에, '너'라는 것이 자리 잡았고, '그'라는 것도 자리 잡았다. 만물이 모두 그렇게 자리 잡았다. '나'라는 것이 자리 잡기 전에는 '너'라는 것도 없었고, '그'라는 것도 없었다. 만물이라는 것이 하나도 없었다. 산이 산이 아니고 물이 물이 아니다. '나'라는 것이 있고 난 뒤에 내 눈에 보이는 산이 산이 되었고, 내 눈에 보이는 물이 물이 되었다. '나'라는 것이 본래 없었으므로, 내 눈에 보이는 산은 산이 아니고, 내 눈에 보이는 물은 물이 아니다.

'나'는 기억의 덩어리이다. 기억 상실증에 걸린 사람은 "내가 누구입니까?"하고 물으며 돌아다닌다. 그때의 '나'라는 것은 기억의 덩어리를 말한다. 기억은 집착을 만들어 내고, 사람은 그 집착에 사로잡힌다. 기억이라는 것이 원래 없었으므로, '나'라는 것도 원래 없었고, 집착이라는 것도 원래 없었다.

고요히 앉아 마음을 비운 뒤에는 '나'라는 것이 사라진다. '나'라는 것이 사라지고 난 뒤에는 이 몸이 내 몸이 아니다. 그냥 하나의 물체일 뿐이다. 이 몸이 하나의 물체로 되돌아가는 것, 장자는 그런 것을 물화物化라 했다. 이 몸이 하나의 물체가 된 뒤에는 '너'도 없고, '그'도 없고, 만물도 없다. 눈에 바라보이는 산이 산이 아니라 그냥 물체일 뿐이고, 물이 물이 아니라 그냥 물체일 뿐이다. 그런 산이 참다운 산이고, 그런 물이 참다운 물이다. 그렇게 보아야 만물을 제대로 본다. 관물觀物이란 바로 그런 것이다. 이 몸이 하나의 물체가 되어 만물을 보면, 이 몸도 자연물이고 만물도 자연물이다. 그냥 하나로 통하는 자연물이다.

옥추횡금玉湫橫琴

옥빛 물가에서 거문고 비껴 안고

옥 거문고 함부로 못 타는 것은	瑤琴不易彈 요 금 불 이 탄
세상에 종자기가 없기 때문에	擧世無鍾子 거 세 무 종 자
한 곡조 맑은 물에 메아리치니	一曲響泓澄 일 곡 향 홍 징
마음과 귀가 통해 하나 되었네	相知心與耳 상 지 심 여 이

중국 춘추시대 때 초楚나라 사람으로 진晉나라에서 고관을 지낸 거문고의 달인 백아伯牙가 있었고, 백아에게는 자신의 음악을 이해하는 종자기鍾子期라는 친구가 있었다. 백아가 높은 산을 연주하면 종자기는 "하늘 높이 솟아 있는 태산 같구나!" 하고 말했고, 큰 강을 연주하면 "도도하게 흐르는 황하 같구나!" 하고 말했다. 이처럼 두 사람은 음악을 통해 하나가 되었다. 그러던 어느 날 종자기가 병으로 죽자, 상심한 백아는 거문고의 줄을 끊어버렸다. 이른바 '백아절현伯牙絶絃'이란 말이 여기에서 나온 말이다. 『열자列子』와 『여씨춘추呂氏春秋』에 나오는 이야기이다.

음악은 본래 모습을 회복했을 때의 기쁨을 노래한 데서 비롯된다.

그러므로 음악을 통해서 사람은 하나가 될 수 있다. 백아는 종자기가 죽자 거문고를 타지 않았지만, 참으로 모두와 하나가 된 사람이 거문고를 타면, 그 거문고 소리는 모두에게 하나가 되어 울려 퍼진다. 하서 선생이 거문고를 타면 맑은 물도 알아듣고 메아리친다. 마음으로 그것을 알고, 귀로 듣고도 그것을 안다.

복류전배 洑流傳盃

흐르는 물에 잔을 띄우며

빙빙 도는 물가에 둘러앉으니	列坐石渦邊 열 좌 석 와 변
소반의 나물안주 넉넉하구나	盤蔬隨意足 반 소 수 의 족
돌아드는 물결이 절로 오가니	洄波自去來 회 파 자 거 래
옥 술잔 한가로이 앞에 와 닿네	盞斝閒相屬 잔 가 한 상 촉

물가에 둘러앉아 술을 주고받는다. 술이 취할수록 남과 내가 하나가 되고, 주위의 산수와도 하나가 된다. 천국이 따로 없다.

상암대기 床巖對棋

평상 바위에서 바둑을 두며

돌 언덕 약간 넓고 평평한 곳에　石岸稍寬平 (석안초관평)

대숲이 그 절반을 차지했구려　竹林居一半 (죽림거일반)

손님 맞아 바둑 한판 두고 있으니　賓來一局碁 (빈래일국기)

우박이 공중에서 흩어지는 듯　亂雹空中散 (란박공중산)

평평한 바윗돌이 있다. 대숲이 반을 가리고 있다. 거기에서 손님 맞아 바둑을 둔다. 바둑은 이기기 위해 두는 것이 아니다. 마음을 평정하고 몰입하는 데 그 묘미가 있다. 몰입을 하면 너와 나의 구별이 없어지고, 온통 하나가 된다. 몰입했을 때 유독 맑아지는 소리 샘. 대숲에서 들려오는 바람 소리도 공중에서 흩어지는 우박 소리다.

수계산보 脩階散步

긴 섬돌을 거닐며

티끌 생각 벗어난 맑은 마음이	澹蕩出塵想 담 탕 출 진 상
섬돌 위를 오가며 소요를 한다	逍遙階上行 소 요 계 상 행
읊을수록 마음이 한가해지고	吟成閒箇意 음 성 한 개 의
읊고 나면 몹쓸 정들 깨끗해지네	吟了亦忘情 음 료 역 망 정

'나'라는 집착 덩어리가 없으면 이 몸은 자연이고, 자연의 몸으로 왔다 갔다 하는 것이 소요다.

의수괴석 倚睡槐石

홰나무 바위에 기대 졸다가

홰나무 가 바윗돌을 쓸어 내고서	自掃槐邊石 자 소 괴 변 석
사람이 없을 적에 혼자 앉았네	無人獨坐時 무 인 독 좌 시
졸음 오자 깜짝 놀라 일어서는 건	睡來驚起立 수 래 경 기 립
왕개미 행여 알까 두렵기 때문	恐被蟻王知 공 피 의 왕 지

사람이 없을 때는 홰나무 가 바윗돌에 앉아 명상을 한다. 명상을 할 때 자주 찾아오는 것이 졸음이다. 졸음에 빠져 명상을 망치는 것은 부끄러운 일. 아무도 보는 이 없어도 부끄럽다. 하늘에게 부끄럽고 땅에게도 부끄럽다. 눈앞에 기어가는 왕개미에게도 부끄럽다. 열린 마음이 되면 그렇게 된다.

조담방욕槽潭放浴

작은 연못에서 미역을 감고

못이 맑아 깊어도 바닥이 보여	潭清深見底 담 청 심 견 저
미역을 감고 나도 맑고 푸른 물	浴罷碧粼粼 욕 파 벽 린 린
믿을 수 없는 것은 인간들 세상	不信人間世 불 신 인 간 세
뜨거운 길 때 먼지에 다리가 빠져	炎程脚沒塵 염 정 각 몰 진

천국은 맑고 맑다. 더러운 때라고는 찾아도 없다. 그러나 인간들 세상은 다르다. 욕심의 불길로 달아오른 인간들 세상에는 더러운 때들이 그득하다. 욕심이 빚어내는 때는 참으로 더러운 때다. 그 더러운 때에 다리가 빠지면 헤어나기 어렵다.

단교쌍송斷橋雙松

다리 가에 서 있는 두 그루 소나무

섬돌 따라 콸콸콸 물이 흐르고	㶇㶇循除水 괴 괵 순 제 수
다리 가에 서 있는 소나무 둘	橋邊樹二松 교 변 수 이 송
옥이 나는 남전에는 일이 복잡해	藍田猶有事 남 전 유 유 사
그 다툼 조용한 여기 미칠라	爭及此從容 쟁 급 차 종 용

섬돌 길을 따라 물이 흐르고 다리 가에는 소나무 두 그루가 서 있다. 어느 하나 다툼의 흔적이 없다. 이대로가 천국이다. 그러나 세속은 다르다. 세속의 사람들은 온갖 욕심을 채우느라 더러운 싸움을 계속한다. 돈이 많은 곳일수록 더욱 더럽고, 싸움은 더욱 치열하다. 그 다툼이 여기까지 퍼져오면 큰일이다.

여기는 티끌 한 점 없는 천국이다. 이 천국이 세속으로 퍼져가야 하는 것.

산애송국散崖松菊

산기슭에 자라는 소나무와 국화

북녘 고개에는 층층이 푸른 솔	北嶺層層碧 북 령 층 층 벽
동녘 울타리엔 점점이 노란 국화	東籬點點黃 동 리 점 점 황
기슭을 따라 어지러이 섞여 있어	緣崖雜亂植 연 애 잡 란 식
늦가을 바람서리에 잘도 버티네	歲晩倚風霜 세 만 의 풍 상

욕심 많은 사람은 약하다. 돈에 약하고, 권력에 약하고, 명예에 약하다. 욕심을 채우기 위해 온갖 아부를 한다. 그러나 욕심이 없는 사람은 강하다. 돈과 권력에도 흔들리지 않고, 명예 앞에서도 꿈쩍하지 않는다. 북쪽의 고갯마루에 층층으로 자라고 있는 푸른 솔도 그렇고, 동쪽 울타리에 점점으로 피어 있는 국화도 그렇다. 산기슭에 어지러이 섞여 있지만, 늦가을 찬 서리에도 끄떡 않는다.

석부고매 石趺孤梅

돌 받침대 위의 외로운 매화

기이한 절개를 말하려거든	直欲論奇絶 직욕론기절
돌에 박힌 매화 뿌릴 보아야 하지	須看插石根 수간삽석근
맑고 얕은 물까지 아울렀으니	兼將淸淺水 겸장청천수
황혼에 갓 들어선 성긴 그림자	疎影入黃昏 소영입황혼

욕심이 많은 사람은 가난에 견디지 못하고, 천함에 견디지 못한다. 욕심을 채우기 위해 양심을 파는 것이 다반사다. 절개를 지킨다는 것은 도대체 없다. 그러나 저 돌 틈에 뿌리박고 있는 외로운 매화도 그렇지 않다. 먹을 것도 없어 가지가 앙상하고 잎이 성글어도 태연하고 초연하다. 언제나 만족할 뿐, 아부 같은 것은 아예 하지 않는다. 영양이 없는 맑은 물도, 얕아서 보잘 것 없는 물도 마다하지 않는다. 앙상한 가지, 성긴 잎은 풍성한 그림자도 못 만들지만, 그대로 만족한 채 불만이 없다. 만족하면 행복하다. 공자는 아무리 가난해도 행복해야 한다고 했다.

협로수황夾路脩篁

좁은 길에 뻗어 있는 긴 대나무

눈 속의 대나무 줄기 찌를 듯 곧고	雪幹摐摐直 설 간 창 창 직
구름 서린 잔가지는 곱고도 연해	雲梢嫋嫋輕 운 초 뇨 뇨 경
지팡이 짚고서 낡은 껍질 벗겨주고	扶藜落晩籜 부 려 락 민 탁
허리띠 풀어서 새 줄기 동여주네	解帶繞新莖 해 대 요 신 경

겨울이 지나면 모든 것은 새로워진다. 그것이 생명이 이어지는 비법이다. 눈 덮인 대나무도 예외가 아니다. 오래된 대나무는 묵은 껍질을 벗어야 새로워지고, 연약한 대나무는 튼튼해져야 겨울 동안을 견딘다.

병석죽근迸石竹根

돌 위로 뻗어 나온 대나무 뿌리

하얀 뿌리 먼지 묻음 부끄러워서	霜根耻染塵 상 근 치 염 진
이따금 돌 위로 뻗어 나오네	石上時時露 석 상 시 시 로
몇 해나 아이 손자 길러 내었나	幾歲長兒孫 기 세 장 아 손
곧은 마음 늙을수록 더욱 고달파	貞心老更苦 정 심 로 갱 고

하얀 대 뿌리가 돌 위로 뻗어 나왔다. 흙먼지 묻을까 부끄러워서다. 해마다 대나무를 길러 낸 바로 그 뿌리다. 만물을 낳고 기르는 하늘이고, 자손을 낳고 기르는 어머니다. 길바닥에 나와 앉아 나물 파는 어머니, 찬바람 눈보라에도 쉴 수 없는 그 정성은, 애오라지 한마음뿐, 아이 먹여 살리는 것.

절애소금絕崖巢禽

낭떠러지에 깃들인 새

파닥파닥 날개 치는 벼랑가의 새	翩翩崖際鳥 편 편 애 제 조
이따금 물속에도 내려 와 노네	時下水中遊 시 하 수 중 유
제 마음을 따라서 쪼고 마시며	飮啄隨心性 음 탁 수 심 성
백구에게 덤비는 건 아예 잊었네	相忘抵白鷗 상 망 저 백 구

깎아지른 절벽에 작은 새가 깃을 틀었다. 파닥파닥 날개 짓도 연약해 보인다. 이따금씩 물속에 내려와 놀기도 한다. 그러나 마음 따라 쪼고 마음 따라 마시는 모습이 그대로 자연이다. 일평생을 이 작은 골짜기에서 벗어나지 못해도 불만이 없다. 넓은 바다를 훨훨 나는 흰 갈매기 따위는 안중에도 없다.

천국에는 크고 작음이 없고, 길고 짧음도 없다. 이 작은 골짜기가 우주 그 자체다. 큰 것을 좋아하고 긴 것을 구하는 것은 세속의 사람들이 힘자랑하는 것이다. 그런 것은 천박하다. 조선의 선비들은 천박하지 않았다. 큰 것을 좋아하지도 않았고, 많은 것을 추구하지도 않았다.

퇴계 선생의 시에도 이런 것이 있다.

돌을 지고 모래를 파니 저절로 집이 되고

負石穿砂自有家
부석천사자유가

앞으로 갔다 뒤로 갔다 발이 많기도 하다

前行却走足偏多
전행각주족편다

한 평생 한 움큼의 산 샘물 속에

生涯一掬山泉裏
생애일국산천리

양자강 동정호 물을 묻지 않노라

不問江湖水幾何
불문강호수기하

총균모조叢筠暮鳥

저물어 대발에 날아드는 새

돌 위에 뻗어 있는 저 대나무 숲엔	石上數叢竹 석 상 수 총 죽
두 따님의 눈물자국 아롱져 있네	湘妃餘淚斑 상 비 여 루 반
산새는 서린 한을 알지 못하고	山禽不識恨 산 금 불 식 한
저물면 돌아와서 깃에 드누나	薄暮自知還 박 모 자 지 환

상비湘妃 : 요임금의 두 따님으로, 순임금의 부인이 된 아황娥皇과 여영女英. 순임금이 죽었을 때, 아황과 여영이 슬피 울어 떨어진 눈물이 대나무에 배어 얼룩이 졌다. 그때의 그 대나무를 상죽湘竹이라고도 하고, 검은 반점이 있다고 해서 반죽斑竹이라고도 한다.

순임금은 지상을 천국으로 만들었다. 하서 선생의 꿈도 그런 천국을 만드는 것이었다. 그러나 순임금의 천국은 순임금이 죽자 무너졌다. 하서 선생의 마음은 아팠다. 순임금이 죽었을 때 흘린 아황과 여영의 눈물이 대나무에 떨어져 얼룩이 졌다. 하서도 울었다. 서울에 가서 꾸었던 천국 건설의 꿈이 무너졌을 때 하서는 울고 또 울었다. 그때 흘렸던 눈물도 대나무에 떨어져 얼룩이 졌다. 그 대나무들이 바로 저 대나무들이다. 무심한 산새들은 그 한을 알지 못하고 해 저물면 돌아와서 자리에 든다.

학저면압壑渚眠鴨

골짜기 물가에서 졸고 있는 오리들

하늘이 유인에게 주신 선물은	天付幽人計 천부유인계
맑고도 서늘한 산골짝 샘물	淸冷一澗泉 청랭일간천
아래로 흐름은 자연 그대로	下流渾不管 하류혼불관
오리들 그 속에서 한가히 졸고	分與鴨閒眠 분여압한면

유인幽人 : 세상을 피하여 그윽한 곳에 숨어 사는 사람. 여기서는 하서 선생 자신을 가리킨다.

이 세상은 원래 하느님이 만드신 작품이었다. 그런 것을 사람들이 더럽히고 말았다. 그러나 오직 하나 소쇄원만은 원래의 모습을 간직하고 있다. 이 산골짝을 흐르는 샘물도 하느님께서 계획해서 만들어 주신 것이다. 모든 것은 다 하늘이 주신 선물이다. 하늘이 내게 주셨다고 해서 내 것이 아니다. 모두가 나누어 가졌다. 오리도 예외가 아니다. '내 것'이라는 것이 없을 때 모두 하나가 된다. 흐르는 샘물의 모습은 태고의 모습을 그대로 간직하고 있다. 인간의 때라고는 아예 묻지 않았다. 혼돈 그 자체다. 졸고 있는 오리도 혼돈의 모습이다.

격단창포激湍菖蒲

세차게 흐르는 여울 가 창포

이야기를 들으니 시냇가 창포	聞說溪傍草 문설계방초
마디마디 향기를 머금었다고	能含九節香 능함구절향
여울물 튀어 날마다 뿜어 주니	飛湍日噴薄 비단일분박
더우나 추우나 고운 한 빛깔	一色貫炎涼 일색관염량

개울물 흐르는 곳에 노랑꽃창포가 있다. 마디마다 향기를 머금고 있다고 한다. 아홉 마디란 모든 마디라는 말이다. 여울물에서 물방울이 튀어 창포 잎에 옒게 뿌려진다. 노랑꽃창포는 그냥 노랑꽃창포가 아니다. 노랑꽃창포는 우주의 주인공이다. 꽃잎을 틔우기 위해 사계절이 돌았고, 태양이 떠올랐다. 구름이 날았고, 소쩍새도 울었다. 여울물도 뒤질세라 물방울 흩어서 옒게 뿜어 준다. 우주의 주인공은 우주의 생명을 머금었다. 마디마디 향기를 품을 수밖에. 더우나 추우나 푸른 그 한빛으로 자랑을 한다.

사첨사계斜簷四季

비스듬한 처마 밑에 핀 사계화

꽃 가운데 으뜸으로 치는 사계화	定自花中聖 정 자 화 중 성
사계절을 한결같이 맑고 온화해	淸和備四時 청 화 비 사 시
초가 처마에 비껴 있어 더욱 좋아라	茅簷斜更好 모 첨 사 갱 호
매화와 대도 알아주고 치하를 하네	梅竹是相知 매 죽 시 상 지

사계四季 : 사계화四季花. 장미과에 속하는 낙엽관목. 일명 월계화月季花라고도 한다.

천국에서는 모두가 주인공이다. 초가지붕 처마 끝에 비스듬히 자라고 있는 저 사계화 또한 예외가 아니다. 맑고 온화하게 피어 있는 자태는 꽃 중의 으뜸이다. 장미꽃 백 송이를 합쳐도 그 모양 그 빛깔을 흉내 낼 수 없다. 옆에 있는 매화와 대나무도 알아보고 주인공 대접을 한다.

도오춘효桃塢春曉

복사꽃 피는 언덕 봄날의 새벽

복사꽃 핀 언덕에 봄 찾아왔네	春入桃花塢 춘 입 도 화 호
새벽안개에 깔려 있는 붉은 꽃잎들	繁紅曉霧低 번 홍 효 무 저
희끔하고 어렴풋한 바위 골짜기	依迷巖洞裡 의 미 암 동 리
무릉의 계곡을 건너가는 듯	如涉武陵溪 여 섭 무 릉 계

무릉도원. 복사꽃 만발한 낙원을 일컫는 말이다. 어느 봄날 새벽. 자욱한 안개 속에 흐드러지게 피어 있는 복사꽃 동산. 말만 듣던 무릉도원이 바로 여기다.

동대하음桐臺夏陰

오동나무 언덕 여름의 그늘

바위 비탈에 뿌리박은 늙은 등걸이	巖崖承老幹 암 애 승 노 간
비이슬에 맑은 그늘 길게 뻗쳤네	雨露長淸陰 우 로 장 청 음
순임금의 밝은 태양 천고에 빛나	舜日明千古 순 일 명 천 고
남녘 바람 지금도 불어오는 걸	南風吹至今 남 풍 취 지 금

바위 비탈에 오동나무 거목이 있다. 오동나무는 봉황이 깃드는 나무다. 봉황은 태평성대를 건설하는 성인이 나오시기 전에 나타난다. 여기 이 오동나무도 성인을 맞이하기 위해 심어져 있다. 이 귀한 오동나무에 비가 내리고 이슬도 적셔 주어 가지와 잎이 길게 뻗었다.

순임금은 태양처럼 나타나 암흑의 세상을 밝게 비쳤다. 그때의 밝은 태양은 사라지지 않았다. 그때의 훈훈한 바람은 지금까지 불어오고 있다. 여기에 거목의 오동나무가 있다. 그 태양 다시 빛나고, 그 바람 다시 불어야 한다. 바로 여기서부터.

오음사폭梧陰瀉瀑

오동나무 그늘에서 쏟아지는 폭포

다정하게 감싸주는 푸른 잎 그늘	扶疎綠葉陰 부 소 록 엽 음
어젯밤 시냇가에 비가 내려서	昨夜溪邊雨 작 야 계 변 우
가지 새로 폭포가 어지러이 쏟아지네	亂瀑瀉枝間 란 폭 사 지 간
하얀 봉황들이 춤을 추나 봐	還疑白鳳舞 환 의 백 봉 무

외로울 때는 가끔 어두운 곳으로 들어가고 싶다. 어릴 때처럼 어머님 치마폭으로 들어가고도 싶고, 장롱 속으로 들어가고도 싶다. 너와 내가 남남이라는 것이 싫다. 너와 내가 하나가 되도록 감싸주는 곳, 그런 곳이 좋다. 지금의 오동잎 그늘이 그렇다. 그 오동잎 그늘 사이로 폭포가 쏟아져 내린다. 하얀 봉황이 춤을 춘다. 봉황을 기다리는 마음. 얼마나 간절했으면.

유정영객柳汀迎客

버드나무 물가에서 손님을 맞아

손님이 찾아 와서 사립문 두드리매	有客來敲竹 유 객 래 고 죽
두어 마디 소리에 놀라 낮잠이 깼다	數聲驚晝眠 수 성 경 주 면
관 붙잡고 좇아 나가도 보이질 않아	扶冠謝不及 부 관 사 불 급
말을 매고 개울가에 서 있었구나	繫馬立汀邊 계 마 입 정 변

사람이 그립다. 그리운 사람은 더욱 그립다. 반가운 사람이 와서 사립문을 두드린다. 그 소리에 놀라 잠이 깼다. 반가운 마음에 관도 제대로 쓰지 못하고, 손으로 붙잡은 채 좇아 나갔지만, 사람이 보이지 않는다. 미안하다고 말을 해도 소용이 없다. 가슴이 철렁하고 내려앉는다.

사방을 둘러보았다. 얼마나 다행한가! 버드나무 개울가에 말을 매 놓고 서 있지 않은가! 그리운 사람아.

격간부거 隔澗芙蕖

개울 건너 피어 있는 연꽃

깨끗하게 피어 있는 비범한 송이송이	淨植非凡卉 정식비범훼
멀리서 바라보니 어찌 저리 포근할까	閒姿可遠觀 한자가원관
향기 바람 가로 질러 골짜기 건너	香風橫度壑 향풍횡도학
방에 드니 지란보다 오히려 낫네	入室勝芝蘭 입실승지란

개울 건너 연못에 연꽃이 피었다. 사랑이 펴져 나오고 향기가 묻어 나온다. 그 향기 바람을 타고 개울 건너 이 방 안까지 실려 온다. 향기로운 난초인들 이 향기보다 나을까! 온 골짜기가 행복해진다.

산지순아散池蓴芽

연못에 흩어져 있는 순채 싹

장한이 강동으로 떠나간 뒤에	張翰江東後 장 한 강 동 후
풍류를 아는 자 누구이든가	風流識者誰 풍 류 식 자 수
맛있는 농어회를 바라지 말고	不須和玉膾 불 수 화 옥 회
길쭉한 이 빙사 맛이나 보소	要看長氷紗 요 간 장 빙 사

장한張翰 : 진晉나라 사람. 자는 계응季鷹. 가을바람이 불면, 고향인 송강松江에서 나는 농어의 맛을 생각하고 일부러 귀향했다는 고사가 전한다.

옥회玉膾 : 옥 같이 좋은 회. 여기서는 농어회를 가리킴.

빙사氷紗 : 찹쌀을 발효시켜 복잡한 과정을 거쳐 만든 고급 한과. 순채의 싹을 길쭉한 빙사에 빗댄 것이다.

장한張翰이라는 사람이 있었다. 그는 고향 송강에서 나는 농어회가 맛있다 하여 도시 생활을 포기하고 귀향해 버렸다. 아귀다툼의 도시 생활. 그런 것에 집착할 것이 없다. 훌쩍 벗어 던지고 고향으로 가버린 그는, 농어회가 먹고 싶다는 핑계를 대고 떠났지만, 사실은 도시 생활의 집착을 벗어 던지고 싶어 떠난 것이었다. 그런 풍류객도 매력이 없지 않다. 그러나 하필 농어회를 들먹거릴 것이 무언가? 여기에 있는 순채 싹 맛이 훨씬 더 고상하다.

츤간자미櫬澗紫薇

오동나무 물가에 핀 백일홍

세상에 피어 있는 모든 꽃들은	世上間花卉 세 상 간 화 훼
열흘 가는 향기가 도대체 없네	都無十日香 도 무 십 일 향
어찌하여 시냇가의 이 백일홍만은	何如臨澗樹 하 여 임 간 수
백일 내내 붉은 꽃을 대하게 하지	百夕對紅芳 백 석 대 홍 방

자미紫薇 : 배롱나무. 백일홍

적우파초滴雨芭蕉

파초 잎에 떨어지는 빗방울

어지러이 떨어지네 은 화살 던지네	錯落投銀箭 착락투은전
그에 따라 춤을 추는 푸른 비단 폭	低昂舞翠綃 저앙무취조
고향에서 듣던 소리 안 떠올려도	不比思鄕聽 불비사향청
적막을 깨뜨리는 소리 너무 어여뻐	還憐破寂廖 환련파적료

파초 잎에 물방울이 떨어진다. 은빛 화살이 떨어지듯 쭉쭉 선을 그린다. 파초 잎이 물방울 소리에 취해 너울너울 춤을 춘다. 나도 거기에 묻혀 하나가 된다. 고향에서의 어린 시절은 마냥 그랬다. 처마 끝에 떨어지는 빗방울에 취해 종일토록 노래 부른 적도 있었다. 그 시절은 그리운 천국 시절이었다.

지금 여기가 바로 그때의 천국. 일체의 차별이 없어 적막하다. 그 적막함을 깨고 생명의 소리 '뚝' 하고 떨어진다. 그 생명의 소리 우주에 울려 퍼진다.

영학단풍暎壑丹楓

골짜기에 비치는 단풍

가을 오니 바위 골짝 서늘해지고	秋來巖壑冷 추 래 암 학 랭
단풍잎 일찌감치 서리에 놀라	楓葉早驚霜 풍 엽 조 경 상
고요히 흔들리는 노을 고와라	寂歷搖霞彩 적 력 요 하 채
너울너울 거울에 비치는 그 빛	婆娑照鏡光 파 사 조 경 광

가을이 왔다. 서리에 놀란 잎들이 빨갛게 물이 들어 노을이 되었다. 그 노을이 너울너울 춤을 춘다. 골짜기에 고인 물은 거울이 되어 그 춤추는 노을 잎을 비추고 있다. 어찌 이리 고울까! 하느님이 연출하시는 한 폭의 선물.

평원포설平園鋪雪

동산에 내린 눈

어느덧 산 구름 끼어 어두워졌네	不覺山雲暗 불 각 산 운 암
창을 여니 동산에 눈이 가득해	開窓雪滿園 개 창 설 망 원
섬돌까지 골고루 흰 빛 널리 깔렸어	階平鋪遠白 계 평 포 원 백
한적한 집안에 부귀 찾아 왔구나	富貴到閒門 부 귀 도 한 문

불각不覺 : 깨닫지 못하는 사이. 어느덧.

눈이 하얗게 내렸다. 밤에 보는 눈은 더욱 흐뭇하다. 어느 한 곳 남김없이 골고루 내려져 있다. 하느님이 주시는 선물은 언제나 그렇다. 미운 사람, 고운 사람 차별하지 않는다. 하느님의 선물 앞에 행복해진다.

대설홍치帶雪紅梔

눈 덮인 붉은 치자

치자 꽃은 여섯 잎으로 핀다고 하데	曾聞花六出 증 문 화 육 출
온 숲 가득 향기로 덮인다 하데	人道滿林香 인 도 만 림 향
붉은 열매 푸른 잎과 서로 어울려	絳實交青葉 홍 실 교 청 엽
눈서리에 묻혔어도 맑고 고와라	清妍在雪霜 청 연 재 설 상

사람들은 따지기를 좋아한다. 나무나 풀을 봐도 그냥 보지 않고, 이름이 무엇인지, 무슨 과에 속하는지, 원산지가 어진지 등을 따진다. 꽃을 봐도 그냥 보지 않고, 이름이 무엇인지, 생김새와 특징이 무엇인지, 원산지가 어딘지 등을 따진다. 대개의 꽃은 잎이 다섯인데, 눈은 육각형이다. 꽃은 양이고 눈은 음이라서 그렇다고들 한다. 그런데 치자의 꽃잎은 양인데도 여섯 잎이라고들 한다. 이런 것을 따져서 무슨 의미가 있는 것인지.

사람들은 또 가치가 있는지 없는지를 판단하는 버릇이 있다. 나무나 풀을 보아도 그냥 보지 않고 용도가 무엇인지, 값이 나가는 것인지 등을 따진다. 꽃을 보아도 비싼 꽃인지 어떤지를 따지고, 향기와 색깔

이 어떤지를 따진다.

눈서리를 뚫고 치자가 올라온다. 경이롭기 짝이 없다. 우주의 생명력이 이런 것인가 새삼 깨닫게 된다. 푸른 잎과 붉은 열매가 연애하는 듯 좋아서 서로 얽혀 있다. 차가운 눈서리에 있어도 사랑의 힘으로 따뜻하다. 마냥 좋기만 하다. 이 이상 무엇을 더 따질 것이 있으랴!

양단동오陽壇冬午

애양단의 겨울 낮

단 앞의 시냇물은 아직 얼어 있는데　　壇前溪尙凍
단전계상동

단 위에 쌓인 눈은 모두 녹아 버렸네　　壇上雪全消
단상설전소

팔을 베고 따뜻한 햇볕 맞고 있으니　　枕臂迎陽景
침비영양경

닭 울음소리 이 별천지에 들려오네　　鷄聲到午橋
계성도오교

오교午橋 : 오교장午橋莊에서 따온 듯하다. 오교장은 당唐 헌종憲宗 때의 승상丞相이었던 배도裴度의 서실書室. 배도는 만년에 벼슬을 그만둔 뒤 동도東都에 녹야당綠野堂이란 별장을 짓고, 원림園林을 만들어, 백거이白居易, 유우석劉禹錫 등의 문사들과 술잔을 나누고 시를 지으며 즐겼다. 후세에 벼슬에서 물러난 사람의 정자를 녹야당이라 부르게 된 것은 이에서 연유한다. 하서 선생도 소쇄원을 이 오교장에 비유한 것으로 보인다. 소쇄원은 세속의 땅이 아니라 별천지이므로 오교를 별천지로 번역했다.

애양단. 햇볕을 사랑하는 단이다. 모진 바람에 얼어붙은 마음이 애양단에 오면 스르르 녹는다. 따뜻한 어머니 품에 안기듯, 팔뚝 베고 쪼그린 채 시간을 잊었다. 행복할 때는 시간 가는 줄을 모른다. 무아지경이 되면 시간도 공간도 없다. 그런데 저 아랫동네에서 닭들이 자꾸 시간을 알려준다. 해가 기울었나 보다. 시간에 쫓기는 것은 세속에서나 있는 일. 여기서는 시간에 쫓기지 않아도 되는데.

장원 제영 長垣題詠

긴 담에 써 붙인 시편들

백 척의 긴 담장이 가로 질러라	長垣橫百尺 장 원 횡 백 척
하나하나 새 시를 써 붙였구나	一一寫新詩 일 일 사 신 시
영락없이 병풍을 벌려 놓은 듯	有似列屛障 유 사 열 병 장
비바람에 속아선 안 되고말고	勿爲風雨欺 물 위 풍 우 기

제월당으로 가는 긴 담장. 거기에 시들을 써 붙여 놓았다. 마치 한 폭의 병풍을 펼쳐 놓은 것 같다. 아늑하고도 포근하다. 세속은 비바람이 세차다. 거기에서 험한 꼴을 너무나 많이 보았다. 그래서 세상은 아비규환의 지옥인 줄 알았다. 여기에 와 보니 그렇지 않다. 여기는 천국이다. 천국에 와서 천국을 알고 나면 원래 세상이 천국이었다는 것을 알게 된다. 온 세상은 원래가 천국이다. 세차게 몰아치는 비바람에 속아서 그것을 몰랐다. 이제는 더 이상 속아선 안 돼.

하서 선생의 천국 설명에 매료되어서 한동안 황홀경에 빠졌다. 이대로 여기에 머물렀으면 좋겠다. 한참을 지났을까. 천국의 주인은 나를 개울가에 있는 광풍각光風閣으로 안내한다. 빛 '광光', 바람 '풍風', 집 '각閣'. 맑은 날 불어오는 시원한 바람 같은 집이고, 그런 바람을 맞이하는 집이기도 하다.

광풍제월光風霽月. 맑은 날 불어오는 시원한 바람이고, 비 갠 뒤에 떠오르는 밝은 달이다. 북송시대의 시인이자 서예가인 황정견黃庭堅은 주돈이周敦頤의 인품을 다음과 같이 표현했다. "그의 인품은 너무나 고상했다. 마음결이 시원하고 깨끗하여 마치 맑은 날 불어오는 시원한 바람 같고, 비 갠 뒤에 떠오르는 밝은 달 같다."

주돈이는 중국 북송시대의 사람으로 호는 염계濂溪다. 『태극도설太極圖說』과 『통서通書』를 저술하여 주자학의 길을 열었다. 그는 마당의 잡초를 제거하지 않을 정도로 자연을 사랑한 대 철학자였다. 그가 연꽃을 사랑하여 지은 시 「애련설愛蓮說」은 특히 유명하다. 「애련설」에서 주돈이는 "연꽃의 향기가 멀수록 더욱 맑다[香遠益淸]."고 했는데, 경복궁에 있는 향원정이란 정자의 이름도 여기에서 따온 것이다.

이 황정견도 광풍제월이라 했지, 제월광풍이라 하지 않았다. 제월보다 광풍을 우선한 것이다. 소쇄원의 천사는 손님이 머무는 곳을 광풍각이라 하고 자신이 머무는 곳을 제월당이라 했다. 손님을 우대하는 마음이 읽혀진다.

제월당에서 보면 광풍각이 보인다. 제월당과 광풍각은 통해 있다. 주인과 손님이 통해 있고, 나와 네가 통해 있다. 모두가 하나로 통해 있는 것, 그것이 천국의 모습이다.

그러나 제월당과 광풍각 사이는 서로 통해 있다는 것만 확인하고는 나머지를 담으로 막아 놓았다. 담은 보이지 않도록 가리는 것이다. 사람은 서로 통해 있어도 가리고 싶은 부분이 있다. 때로는 웃옷을 벗어 던진 채 바람을 쐬고 싶기도 하고, 벌러덩 드러누운 채 잠을 청해 보고도 싶다. 제월당의 주인은 그런 손님의 마음을 모를 리 없다.

그래서 주인은 담을 쳤다. 담을 쳐도 높이 치지는 않는다. 담을 높이 치는 것은 자연을 훼손하는 것이다. 그러니 담은 낮을 수밖에 없다. 담이 낮으니 담 옆을 지나가는 사람이 엿볼 수도 있다. 그러면 손님들은 또 불편해진다. 마음을 푹 놓고 쉴 수 있어야 천국이다. 조금이라도 긴장이 남아 있으면 천국이 아니다.

그래서 주인은 거리를 두고 또 하나의 담을 쳤다. 아무리 키가 큰 사람도 엿볼 수 없도록. 이제 손님은 조금도 긴장하지 않아도 된다. 마음 푹 놓고 쉴 수가 있다. 그런데도 잠시 긴장되는 때가 있기는 하다. 주인에게 밥을 얻어먹을 때다. 그땐 왠지 미안하고 불편하다. 오랫동안 머물 때는 더욱 그렇다. 제월당의 주인이 이를 또 놓칠 리 없다. 그래서 주인은 담과 담 사이의 공간에 음식을 갖다 놓기만 한다. 손님을 생각하는 주인의 마음

광풍각

광풍각은 소쇄원의 하단에 있는 별당으로 건축된 정면 3칸, 측면 1칸 전후퇴의 팔작지붕 한식 기와 건물이다.

중앙 1칸은 온돌방으로 뒷면에는 90cm 높이의 함실 아궁이가 있다. 방의 문턱에는 머름대를 구성하였으며, 문은 삼분합의 들어열개문으로 되어 있다. 막돌허튼층의 낮은 기단위에 덤벙주초를 놓고 방주를 세웠으며, 주두와 소로, 장혀, 굴도리로 결구된 평5량의 가구이다. 천장은 연등천장과 우물천장을 혼합하였는데 서까래가 모이는 부분은 눈썹천장으로 되어 있다. 처마는 홑처마이며, 서까래는 선자서까래이다.[17)]

이 이 정도다.

광풍각에는 사방에 마루가 있고 속에 온돌방이 있다. 마루에 앉아 있다가 추워지면 언제라도 들어와 몸을 데우라는 뜻이다.

광풍각에 올라 앉았다.

눈앞에 흐르는 개울물이 보인다. 개울물은 조금도 쉬지 않고 계속 흘러간다. 옛날에 공자는 냇가에서 탄식한 적이 있다. "모든 것은 이 물처럼 흐른다. 조금도 쉬지 않고 밤낮으로 흘러간다." 그렇다. 우리 모두는 저 물처럼 쉬지 않고 흘러간다. 지금 이 순간에도 계속 흘러간다. 흐르고 흐르다가 도달하는 곳은 죽음이라는 바다다. 그 바다에 도달하면 잘난 사람과 못난 사람이 차이가 없다. 이긴 사람이나 진 사람이나 매한가지다. 똑똑한 사람이나 어리석은 사람이나 다를 게 없다. 그런데도 사람들은 그 바다에 들어가는 일은 생각하지도 않은 채, 남들과 싸워 이길 궁리만 한다. 자기가 남들보다 똑똑하다고 뽐내기 바쁘다.

바다에 들어가는 일, 그것은 조만간 다가온다. 그리 먼 훗날의 일이 아니다. 그런 사람을 공자는 다음과 같이 깨우친 바 있다. "사람들은 다 자기가 지혜롭다고 말하지만, 그들을 몰아 그물이나 덫이나 함정 속으로 넣어도 피할 줄을 모른다." 참으로 그렇다. 사람들은 조금도 쉬지 않고 죽음의 바다로 달려가고 있는데도, 그것을 피할 줄을 모른다. 그물이나 덫이나 함정은 조만간 다가올 죽음의 바다다. 참으로 지혜로운 사람은 남과 싸워서 이길 궁리를 하기보다는 죽음의 바다로 들어가지 않을 방법을 찾는다.

죽음의 바다로 들어가지 않는 길, 그것은 영원한 삶의 길이고, 진리의 길이다. 학문을 하는 궁극적 목표는 바로 그 길을 찾는 것이다. 공자는 "아침에 진리를 들어서 알면 저녁에 죽어도 좋다."고 했다. 아침에 진리를 알아 영원히 사는 길에 들어서면 저녁에 죽어도 괜찮다. 저녁에 죽는 것은 몸일 뿐이다. 사람에게는 영원히 변치 않는 마음이 있다. 그 마음은 모든 사람이 다 같이 가지고 있는 한마음이다. 지상의 대나무들이 모두 지하에서 한 뿌리로 연결되어 있듯이, 모든 사람은 한마음으로 연결되어 있다. 그러나 지하의 뿌리가 보이지 않듯이, 그 한마음도 보이지 않기 때문에 사람들은 그 한마음을 잊어버리기 쉽다. 사람이 만약 그 마음을 잊어버리면 육체적 존재로 전락하여, 몸과 함께 늙어가고 몸과 함께 죽어가는 불쌍한 존재가 되고 만다.

참으로 지혜로운 사람은 그 한마음을 도로 찾는다. 그것이 학문의 길이다. 맹자는 말했다. "학문의 길은 다른 것이 아니다. 잃어버린 마음을 도로 찾는 것일 뿐이다." 잃어버린 한마음을 찾은 사람은 한마음으로 산다. 한마음으로 사는 사람은 바다보다 깊고 하늘만큼 고귀하다. 그의 삶은 영원하다. 지금 눈앞을 흐르는 저 물도 그러하다. 소나기가 내려 콸콸 흐르는 물은 잠깐 뒤에 말라 버리지만, 깊은 곳에서 솟아나는 물은 졸졸 흐르더라도 결국 먼 바다에 도달한다.

물을 사랑하고, 물을 노래한 철인哲人 중에 노자를 빼놓을 수 없다. 노자는 물을 보면서 진리의 모습을 읊었다. 노자의 『도덕경』 8장은 다음과 같다.

가장 좋은 것은 물과 같다.
물은 온갖 것을 이롭게 하면서도 공을 다투지 않고
모두가 싫어하는 낮은 곳에 처하므로 도에 가깝다.
낮은 땅에 거처하면서 마음은 심연으로 향한다.
남과 함께 있을 때는 늘 한마음이 되고 말을 하면 정말 미덥다.
다스리면 잘 다스려지고 일을 하면 큰 능력을 발휘한다.
언제나 때와 장소에 알맞게 움직이므로 어긋나는 일이 없다.
애당초 남과 다투지 않으니 허물이 없다.

물은 '나'라는 고정관념을 가지고 있지 않다. 그렇기 때문에 아집이 없다. 아집이 없으므로 언제나 남과 하나가 된다. 둥근 그릇에 넣으면 둥글게 되어 주고, 네모난 그릇에 넣으면 네모가 되어 준다. 물은 욕심을 부리지 않는다. 평평한 곳에서는 천천히 가고, 가파른 곳에서는 서둘러 간다. 둑이 있으면 고였다가 넘어가고, 웅덩이가 있으면 채운 뒤에 간다. 돌이 가로막으면 돌아서 가고, 낭떠러지에서는 폭포가 되어 떨어진다. 그저 자연에 맡길 뿐, 고집을 부리지 않는다. 평평한 곳에서는 잔잔히 흐르고, 돌에 부딪치면 부딪치는 소리를 내며, 낭떠러지에서는 폭포의 소리를 낸다. 한 번도 거짓 소리를 낸 적이 없다. 물은 만물을 먹여 살리면서도 공 다툼을 하지 않는다. 진리의 모습 바로 그 자체다.

광풍각에서 바라보는 물은 특별한 물이다. 공자도 만나고 맹자도 만나며 노자도 만나는 그런 물이다. 물을 보며 '나'를 버리자, 내가 물이 되고 물이 내가 된다. 내가 만물이고 만물이 나다. 나는 하늘이 되고 우주가 된다.

바로 이것이 천국 체험이다. 천국을 체험하면 이 세상이 천국이 된다. 돼지의 눈에는 부처님도 돼지로 보이지만, 부처님의 눈에는 돼지도 부처님으로 보인다. 돼지도 부처님으로 보이는 세상이 천국이다. 천국 체험은 그만큼 중요하다. 소쇄원에서의 천국 체험은 세상을 천국으로 바꾸는 체험이다. 천국을 체험하고 난 뒤에 소쇄원을 나오는 것은 다시 속세로 돌아가는 것이 아니다. 속세는 이미 천국으로 바뀌어 있다.

하늘에 떠 있는 달도 친구고, 청풍도 친구다.

사방에 둘러 있는 강산도 모두 친구다.

그렇게 모두 하나가 되어 살면 모두가 친구다.

진정한 행복은 그런 것이다.

소쇄원은 넓어지니

지상 천국의 확산

가사문학관

가사문학관을 찾았다. 여기도 천국이다. 새로 지은 건축물은 시멘트 콘크리트로 만들어져 있어, 소쇄원을 다녀오기 전이라면 못마땅했을 수도 있었을 것이지만, 그 또한 나름 좋았다. 천국에서는 다 좋은 것이다.

연못이 있다. 연못을 들여다보니 거기도 천국이었다. 연못은 네모로 되어 땅을 상징하지만, 가운데에 둥근 섬이 있다. 그것은 하늘이고, 천국이다. 그 옆에 물레방아가 돌고 있다. 거기엔 용운수대舂雲水碓란 이름이 붙어 있다. 구름을 찧는 물레방아란 뜻이다. 하서 선생이 소쇄원 안에 있는 어떤 경치를 보고 붙인 이름에서 따온 것이다. 지상의 물레방아는 곡식을

찧는다. 그러나 여기의 물레방아는 구름을 찧는 하늘의 물레방아다. 하늘의 물레방아는 구름을 찧어 비를 내리는 하늘의 일을 한다.

하늘 물레방아를 돌아 세심정洗心亭에 올랐다. 마음을 씻는 정자다. 세심정에 올라 마음을 씻고 바라보니 연못이 오롯이 천국의 모습으로 다가온다.

세심정을 내려와 천국의 연못에 다가갔다. 천국의 난간, 반월대에 기대서니 연못에 가득한 금고기들이 물위로 뛰어올랐다. 천국에서는 동물들이 사람을 좋아하여 사람 앞에 엎드리고, 물고기들도 사람이 좋아 사람 앞에서 튀어 오른다.

옛날 천국을 건설했던 중국의 임금 중에 문왕이란 임금이 있었다. 그가 통치하던 나라는 천국이었다. 그가 별장을 만들자 백성들이 달려와 자기 일을 하듯 열심히 도왔기 때문에 며칠이 걸리지 않아서 완성되었다. 임금이 그 별장에 서 있으면, 그 별장의 사슴들이 임금 앞에 와 엎드리고, 임금이 연못가에 서 있으면 물고기들이 기뻐서 물위로 튀어 올랐다. 맹자는 그러한 광경을 『시경』의 내용을 빌려 표현한 적이 있다.

영대를 지으려고 계획하시어
이리저리 땅을 재고 푯말 세우니
서민들이 나서서 일하는 지라

며칠이 아니 가서 완성되었네
서둘지 말라고 당부했으나
서민들이 아들처럼 와서 도왔네

왕께서 동산을 거니실 때는
사슴들이 다가와 엎드려 있네
사슴들은 포동포동 살이 쪄 있고
백조들은 새하얗게 반짝거리네
왕께서 연못가를 거니실 때는
그득한 물고기들 뛰어 노니네

튀어 오르는 금고기들 아름답고 행복하다. 천국을 거니는 모습이 바로 이런 모습이다. 한참 동안 천국의 정취에 흠뻑 젖어본다.

천국 체험은 식영정으로 이어졌다.

식영정

식영정에 오르면 다음과 같은 임억령의 「식영정기息影亭記」가 눈에 들어온다. 우선 번역부터 하고 보자.

> 김군 강숙(김성원의 자字)은 나의 벗이다. 푸른 시냇가 늠름한 소나무 아래에 있는 산기슭에 조그만 정자를 지었다. 네 모퉁이에 기둥이 서 있고, 가운데가 텅 비어 있다. 하얀 띠로 지붕을 덮고, 시원한 대자리로 날개를 다니, 마치 새 깃으로 만든 양산처럼 보이기도 하고, 곱게 칠한 유람선처럼 보이기도 했다. 나의 휴식처로 삼기 위해 만든 것이라 한다.

식영정

정자의 규모는 정면 2칸, 측면 2칸이고 단층 팔작지붕이며, 온돌방과 대청이 절반씩 차지한다. 가운데 방을 배치하는 일반 정자들과 달리 한쪽 귀퉁이에 방을 두고, 앞면과 옆면을 마루로 깐 것이 특이하다. 자연석 기단 위에 두리기둥[圓柱]을 세운 굴도리 5량의 헛집 구조이다.

이 정자는 1560년(명종 15)에 서하당棲霞堂 김성원金成遠이 스승이자 장인인 석천 임억령林億齡을 위해 지은 것이라고 한다. 식영정이라는 이름은 임억령이 지었는데 '그림자가 쉬고 있는 정자'라는 뜻이다. 김성원은 같은 해 식영정 옆에 서하당이라는 정자를 지었는데, 없어졌다가 최근 복원되었다.

김성원은 정철의 처외재당숙으로 정철보다 11년 연상이지만, 환벽당에서 정철과 함께 공부하던 동문이었다. 당시 사람들은 임억령, 김성원, 고경명高敬命, 정철 네 사람을 '식영정 사선四仙'이라 불렀는데, 이에서 유래하여 식영정을 사선정四仙亭이라 부르기도 한다. 식영정 사선은 성산의 경치 좋은 20곳을 택하여 20수씩 모두 80수의 「식영정 20영息影亭二十詠」을 지었다. 정철의 『성산별곡』은 이 「식영정 20영」을 바탕으로 저작되었다.

식영정 옆에는 1973년에 『송강집松江集』의 목판을 보존하기 위해 건립한 장서각이 있다. 1972년에는 부속 건물로 부용당芙蓉堂을 건립하고, 입구에 『성산별곡』시비를 세웠다. 주변에는 정철이 김성원과 함께 노닐던 자미탄紫薇灘, 노자암, 견로암, 방초주芳草州, 조대釣臺, 서석대瑞石臺 등 경치가 뛰어난 곳이 여러 곳 있었다고 하나, 지금은 광주호의 물속에 잠겼다.

늙은 나에게 정자의 이름을 청하니, 나는 다음과 같이 말했다. "자네는 장자의 말을 들은 일이 있는가? 장자의 말에 다음과 같은 것이 있네. '옛날에 자기 그림자를 두려워하는 사람이 있었다. 해가 비치는 데서 달리는데, 그가 급하게 달리면 달릴수록 그림자도 끝내 쉬지 않았다. 그러다가 나무 그늘 아래로 들어가자 그림자가 홀연히 보이지 않았다.'고 했네."

그림자란 한결같이 사람의 몸을 따라 다니는 것이다. 사람이 구부리면 따라서 구부리고, 사람이 위로 쳐다보면 따라서 위로 쳐다본다. 그 밖에도 가고 오고 다니고 멈추는 데 오직 사람을 따를 뿐이다. 그러나 그늘진 곳이나 밤에는 사라지고, 밝은 곳이나 낮에는 생겨난다. 사람이 세상을 사는 것도 또한 이와 같다. 옛말에도 그랬듯이, 꿈을 꾸는 것이고, 헛것을 보는 것이며, 물거품과 같은 것이고, 그림자와 같은 것이다. 사람이 태어난 것은 형체를 조물주에게서 받은 것이니, 조물주가 사람을 다루는 것이 어찌 형체가 그림자를 부리는 정도에 그치겠는가.

그림자가 이랬다저랬다 하는 것은 형체의 처분에 달려 있는 것이고, 사람이 이랬다저랬다 하는 것도 조물주의 처분에 달려 있는 것이니, 사람은 마땅히 조물주가 시키는 대로 따르기만 할 뿐이지, 내가 고집부릴 것이 어디에 있겠는가! 아침에 부자이던 사람이 저녁에 가난뱅이가 될 수 있고, 전에 귀하던 사람이 지금 천하게 될 수 있는 것도 모두 조물주의 조작에 달려 있는 일이다.

내 한 몸으로 보자면 전에는 높은 관에 큰 띠를 띠고, 조정에 출입하였지만, 지금은 죽장에 짚신을 신고, 푸른 소나무와 흰 돌 사이를 거닌다. 전에 먹던 맛있는 음식을 버리고 밥 한 그릇과 국 한 바가지의 초라한 음식을 달게 여긴다. 전에 사귀던 고요皐陶와 기夔 같은 군자들을 잊어버리고, 사슴들과 어울리며 지내고 있다. 이런 것이 모두 조물주가 조작한 것인데도, 정작 내 자신이 그것을 모르고 있었을 뿐이었다. 그러니 그런 것에 기뻐하고 성내고 할 것이 뭐가 있겠는가.

강숙이 말하기를 "그림자는 본래 스스로 움직일 수 없는 것입니다만 어르신이 이렇게 처신하시는 것은 스스로 선택하신 것이지 세상에서 버려진 것이 아닙니다. 성스럽고 밝은 시대를 만나, 자기의 빛을 숨기고, 자취를 감추는 것은 너무 과감하게 결단하신 것이 아니겠습니까?"라고 하자, 이에 내가 응답하여 말했다. "흐름을 타면 나아가고 구덩이를 만나면 그치는 것이니, 가고 멈추는 것은 사람이 할 수 있는 것이 아니네. 내가 숲으로 들어온 것은 오직 그림자를 쉬게 하려고 하는 것만이 아니네. 나는 시원하게 바람을 타고, 조물주와 하나가 되어, 일체의 시비분별이 없는 광막한 이 낙원에서 노닐고 있네. 여기 이 낙원에는 거꾸로 매달린 그림자들이 하나도 없는 곳이라네. 사람들이 바라보고 어디가 더 좋은 곳인지 손가락질 할 수도 없는 곳이니, '식영'이라 이름 붙이면 좋지 않겠는가?" 강숙이 알아듣고 말했다. "이제야 비로소 어르신의 뜻을 알겠습니다. 청컨대 이 말씀을 기록하여 「식영정기」로 삼겠습니다."

계해(1563년) 7월 일, 하의도인이 쓰다. 식영정은 성산에 있다.[18]

번역을 마치고 난 뒤에 한동안 말을 잃었다. 이 정자에 이렇게 심오한 철학이 있을 줄은 상상도 하지 못했다. 거룩한 우리의 문화재가 다시 눈으로 들어온다. 다른 나라에 있는 어떤 문화재가 이보다 감동적일 수 있을까? 인민의 피땀으로 얼룩진 캄보디아의 앙코르와트가 이에 비견할 수 있을까? 아직도 피비린내가 가시지 않은 이탈리아의 콜로세움이 이에 견줄 수 있을까? 우리의 조상이 자랑스럽다.

얼마나 시간이 흘렀을까? 정신을 가다듬고 다시 「식영정기」를 차근차근 음미해본다.

「식영정기」에서는 늠름한 소나무를 '한송寒松'이라 했다. 차가운 소나무는 날씨가 추워진 뒤의 소나무다. 더울 때는 나무들이 다 푸르다. 모두 자기가 가장 푸르다고 우기지만, 겨울이 오기 전에는 알 수가 없다. 겨울이 온 뒤에도 푸름을 끝까지 지키고 있는 나무가 소나무다. 소나무의 가치는 겨울이 되어야 안다. "날씨가 추워진 뒤에라야 소나무와 측백나무가 끝까지 절개를 지킨다는 것을 알 수 있다."고 공자는 말했다.

사람도 그렇다. 사람들은 각자 자기가 양심가라고 우기기 때문에, 평상 시에는 누가 양심가인지 알 수가 없다. 그것을 알 수 있는 것은 어려운 상황을 만났을 때다. 대부분의 사람은 어려운 상황을 만나면 변절을 한다. 어려운 상황에서도 양심을 지킬 수 있는 사람이 참으로 훌륭한 사람이다. 식영정에는 이렇게 소나무 한 그루에도 인생이 묻어 있다.

『장자』라는 책에는 다음과 같은 말이 있다. "사람 중에 자기의 그림자를 두려워하고 자기의 발자국을 싫어하는 자가 있었다. 그는 자기의 그림자와 발자국이 따라오지 못하도록 달렸는데, 발걸음을 많이 옮길수록 발자국이 자꾸 많아졌고, 아무리 빨리 달려도 그림자가 몸에서 떨어지지 않았다. 그는 걸음이 느려서 그런 줄 알고, 쉬지 않고 달리다가 힘이 다하여 죽었다. 그는 나무 그늘 속에 들어가면 그림자를 그치게 할 수 있고, 가만히 있으면 발자국이 생기지 않는다는 것을 알지 못했으니, 참으로 어리석은 자였다."

식영정의 주인은 장자의 말을 그대로 인용한 것이 아니다. 장자는 그림자에서 벗어나기 위해 달리다가 죽은 어리석은 사람의 이야기를 한 것이었지만, 식영정의 주인은 그림자가 두려워 달리다가 나무 그늘 아래로 들어가 그림자를 쉬게 만든 지혜로운 자로 반전시켰다. 식영정의 주인이 장자의 말을 인용한 것은 다른 데 뜻이 있는 것이 아니었다. 그림자라는 말을 빌려 오기 위한 것이었다.

그림자란 물체를 따라서 움직이기만 한다. 사람이 사는 것도 이와 같다. 사람들은 태어나고 자라고 늙고 병들어 죽지만, 어느 하나 자기가 선택할 수 있는 것이 없다. 태어나는 것도 자기가 선택해서 태어나는 것이 아니라, 저절로 태어나고, 자라는 것도 자기가 선택해서 자라는 것이 아니라, 저절로 자란다. 늙고 병드는 것도 선택해서 그렇게 되는 것이 아니라 저절로 그렇게 되는 것이고, 죽는 것도 선택해서 죽는 것이 아니라 저절로 그렇게 되는 것이다. 아침에 일어나 밥을 먹고 활동하다가 저녁에 자는 것도 선택해서 할 수 있는 것이 아니라 저절로 그렇게 한다.

자기가 일어나고, 자기가 밥을 먹고, 자기가 활동하고 자기가 자는 것이라면, 일어나지 않을 수도 있어야 하고, 밥을 먹지 않을 수도 있어야 하며, 활동하지 않을 수도 있어야 하고, 자지 않을 수도 있어야 한다. 그러나 어느 하나 그렇게 할 수 있는 것이 없다. 모든 것이 자기가 결정하는 것이 아니라 저절로 그렇게 될 수밖에 없는 것이다.

저절로 그렇게 되는 것이기 때문에, 그것을 자연이라는 말로 표현할 수도 있다. 자연을 하늘로 이해할 수도 있고, 신으로 이해할 수도 있다. 식영정의 주인은 그것을 조물주라는 말로 표현했다. 사람은 자기가 결정해서 사는 것이 아니라, 조물주가 시키는 대로 사는 것일 뿐이다. 그렇기 때문에, 식영정의 주인은 사람이 사는 것을 물체를 따라 움직이는 그림자로 보았다. 그림자는 참이 아니다. 그림자가 만들어 내는 모양은 실재가 아니다. 이런 의미에서 본다면, 사람이 사는 것은 꿈을 꾸는 것과 같은 것이고,

헛것을 보는 것과 같은 것이며, 물거품과 같은 것이고, 그림자와 같은 것이다.

그림자는 고집을 피우지 않는다. 물체가 움직이면 따라서 움직이고, 물체가 정지하면 따라서 정지한다. 사람도 이와 같이 살면 된다. 마땅히 조물주가 시키는 대로 따르기만 하면 된다. 공연히 고집부릴 것이 없다. 아침에 부자이던 사람이 저녁에 가난뱅이가 될 수 있고, 전에 귀하던 사람이 지금 천하게 될 수 있는 것도 모두 조물주의 조작에 달려 있는 일이다.

식영정의 주인은 이를 깨달았다. 전에는 높은 관에 큰 띠를 띠고, 조정에 출입하였지만, 지금은 죽장에 짚신을 신고, 푸른 소나무와 흰 돌 사이를 거닐고 있다. 전에는 맛있는 음식을 먹었지만, 지금은 밥 한 그릇과 국 한 바가지 정도의 초라한 음식이라도 달게 먹고 있다. 전에는 사회 지도층 인사들과 교류했지만, 지금은 산속에서 사슴들과 어울리며 지내고 있다. 이런 것이 모두 조물주가 조작한 것임을 알았기 때문에, 성내거나 슬퍼하는 일이 없이, 그림자가 물체를 따르듯, 묵묵히 따르고만 있다.

조물주가 시키는 것이 무엇인지 모르는 사람은 자기의 뜻대로 살기 위해 노력을 한다. 그런 사람은 일이 자기의 뜻대로 풀릴 때 기뻐하고, 자기의 뜻대로 풀리지 않을 때 화를 낸다. 그런 사람의 감정은 조금도 쉴 때가 없다. 기쁜 감정 · 슬픈 감정 · 화가 나는 감정 · 즐거운 감정 · 두려운 느낌 · 미운 감정 · 탐욕스러운 마음 등등이 교대로 사람을 끌고 간다. 사람은 감정에 끌려 다니는 감정의 노예가 되고 만다.

감정의 노예로 살아가는 것은 괴롭다. 탐욕의 노예가 되어 사는 것은 더욱 그렇다. 탐욕은 채울수록 커지기 때문에 아무리 채워도 끝이 없다. 탐욕을 채우는 것은 그림자가 따라오지 못하게 하는 것과 같다. 빨리 달릴수록 그림자가 빨리 따라오듯이, 탐욕은 채울수록 더 커지고 만다. 그러므로 탐욕을 채우기 위해 사는 것은 너무 힘들고 너무 괴롭다. 이제 인생이라는 그림자를 쉬게 할 때가 되었다. 그림자는 그늘에 들어가면 쉬게 되듯이, 인생의 고달픔은 탐욕에서 벗어나면 사라진다. 식영정의 주인은 그것을 알았다. 그래서 서울에서의 부귀영화를 다 버리고 여기로 내려왔다.

그러나 식영정의 주인이 식영정으로 내려온 것은 자신의 고달픈 인생을 쉬게 하려는 것만이 아니었다. 식영정의 주인이 식영정을 연출한 뜻은 참으로 숭고한 것이었다.

식영정의 주인은 탐욕에서 벗어났다. 탐욕에서 벗어나니, '나'라는 것을 내세울 것도 없었다. 알고 보면, '나'라는 것은 원래부터 없었다. 오직 저절로 태어나서 저절로 자라는 몸만이 있었을 뿐이었다. 그러던 것이 삶의 경험을 '기억'이라는 형태로 저장하면서부터 '나'라는 것이 생겨났다. '나'는 기억의 덩어리일 뿐이다. 기억상실증에 걸린 사람은 "내가 누구입니까?" 하고 물으며 돌아다닌다. 목숨 바쳐 사랑하던 사람이 찾아와도 "누구십니까?"하고 묻는다. 이를 보면 '나'라는 것은 기억 덩어리임이 확실하다. 기억은 원래부터 있었던 것이 아니므로, '나'도 원래부터 있었던 것이 아니다. 원래 없었던 것이 생겨난 것이므로, 가짜이고 헛것이다.

사람이 탐욕을 채우지 못해 겪게 되는 온갖 고통은 가짜의 고통이다. 가짜의 고통이므로 그 고통은 헛것이다. 탐욕에서 벗어난 식영정의 주인은 이를 알았다.

사람이 탐욕에서 벗어나면 '나'라는 것이 없어지고, 아집이 없어진다. 아집이 없어지면 저절로 태어나고 저절로 자랐던 원래의 모습으로 돌아간다. 밤이 되면 물체와 그림자의 구별이 사라지듯이, 사람과 자연의 구별이 사라진다. 사람과 자연의 구별이 사라지는 것이 자연과 하나 되는 것이고, 조물주와 하나 되는 순간이다.

'나'라는 것이 없으면, '너'라는 것도 없고, '그'라는 것도 없다. '산'이라는 것도 없고, '물'이라는 것도 없다. '바람'이라는 것도 없고, '구름'이라는 것도 없다. 이 세상에 구별되는 것은 하나도 없다. 구별되는 모든 것은 '나의 의식'에서 '나'라는 것을 만들어 낸 뒤에 그려낸 허상일 뿐이다. '나의 의식'은 필름과 같고, '나의 의식'이 그려낸 세상은 필름이 찍어낸 사진과 같다. 사진은 참이 아니다. 사진에서 벗어나야 비로소 참 존재가 모습을 드러내듯이, '나'라는 것에서 벗어나야 '참 나'가 된다. '참 나'는 자연이다.

'나'라는 것에서 벗어나면 나는 자연이 된다. 내가 자연이 되면, 너도 자연이 되고, 그도 자연이 된다. 산도 자연이 되고, 물도 자연이 된다. 바람도 자연이 되고 구름도 자연이 된다. 모두가 자연이기 때문에 모두가 하나다. 너도 나이고, 그도 나이며, 산도 나이고 물도 나이다. 바람도 나이고 구름도 나이다. 하늘도 나이고, 우주도 나이다.

모든 것이 구별되지 않고 하나로 통하는 세상이 낙원이다. 장자는 그런 곳을 '무하유지향無何有之鄕'이라 불렀고, '광막지야廣莫之野'라고 불렀다. 무하유지향이란 구별되는 어떤 것도 있지 않은 고을이란 뜻이고, 광막지야란 모든 것이 하나로 통하여 열려 있으므로 한없이 넓고 적막한 태고의 들판이란 뜻이다. 식영정의 주인은 이를 '대황지야大荒之野'라 했다. 대황은 우주의 모습이다. 내가 우주이듯이 모두가 우주이다. 모두가 우주가 되면, 이 세상은 대황지야가 된다.

대황지야는 일체의 시비분별이 없는 낙원이다. '나'라는 것을 가지고 살고 있는 우리는 지옥에서 산다. 나는 죽을 수밖에 없는 운명을 짊어지고 산다.

사람이 죄를 지으면 벌을 받는다. 작은 죄를 지으면 작은 벌을 받고 큰 죄를 지으면 큰 죄를 받는다. 큰 벌 중에서 가장 큰 벌은 사형이다. 그런데 따지고 보면 우리는 모두 사형선고를 받았다. 다만 사형집행 날짜만 모르고 있을 뿐이다. 우리가 사형선고를 받은 것은 무슨 죄 때문일까?

장자는 이를 '자연에서 벗어난 죄[遁天之刑]'라 했다. 자연에서 벗어나지만 않았다면, 태어나는 것도 자연이고, 늙는 것도 자연이며, 죽는 것도 자연이다. 자연이라는 점에서 보면 다 차이가 없다. 생사가 둘이 아니라 하나다. 생사일여라는 말이 그것이다. 그러나 우리는 자연에서 벗어났다. 사형선고를 받고 사는 것보다 더 고통스런 것은 없다. 장자는 이를 거꾸로 매달려 있는 것과 같은 고통이라 했다. 식영정의 주인은 이를 알았다. 우리의 삶을 그림자로 보았으므로, 고통을 받으며 살고 있는 우리는 거꾸로 매달려 있는 그림자다.

이제 우리는 여기서 거꾸로 매달린 고통에서 벗어나야 한다. 거꾸로 매달려 있는 나는 가짜의 나이고, 헛것에 끌려 다니는 나이다. 식영정 주인의 설명을 듣고 거꾸로 매달린 고통에서 벗어나니 여기가 낙원이다. 외로울 것도 없고 괴로울 것도 없다. 거꾸로 매달려 고통 받고 있는 사람이 하나도 없다. 모두가 우주의 주인공으로 돌아왔다. 여기 이대로가 낙원이다. 어디가 더 좋은 곳인지 궁금할 것도 없고, 손가락으로 이리저리 가리킬 것도 없다.

'식영息影'. 그림자가 쉬는 이곳에서 우리는 지금까지 지고 있었던 무거운 짐을 다 내려놓아야겠다. 무거운 짐을 내려놓기만 하면 행복은 바로 찾아온다. 내가 자연이 될 때 나는 부끄러운 것이 없다. 위로 보아도 하늘에게 부끄럽지 않고 아래로 보아도 사람들에게 부끄럽지 않다. 그렇게 되는 것이 행복이다. 식영정에서 행복을 찾은 우리는 면앙정으로 향했다.

면앙정

'면俛'은 굽어보는 것이고, '앙仰'은 우러러 보는 것이다. 우러러 보아 하늘에 부끄러움이 없고, 내려다 보아 사람들에게 부끄러움이 없는 것을, 맹자는 행복의 한 조건으로 보았다. 면앙이란 뜻도 그렇다. 아래로 굽어 보아 부끄러움이 없고, 위로 우러러 보아 부끄러움이 없는 것. 그것이 행복이다. 소쇄원에서 터득한 행복은 식영정을 거쳐 면앙정으로 이어진다.

사람들은 모두 행복을 추구한다. 행복을 거부하는 사람은 없다. 그렇지만 행복이 무엇인지 아는 사람은 많지 않다. 혹자는 행복은 사람에 따라 다르다고 말한다. 학생의 경우에는 공부를 잘해서 우등상을 받는 것이 행복이고, 운동선수의 경우에는 금메달을 따는 것이 행복이며, 정치인의 경우에는 선거에 당선되는 것이 행복이고, 기업가의 경우에는 이익을 많이 남기는 것이 행복이라고 한다.

그러나 그런 행복은 궁극적인 행복이 아니다. 인생은 일장춘몽이라는 말도 있다. 긴 세월이 흐르고 난 뒤에는 그런 행복들은 물거품처럼 사라지고 만다. 세월이 흘러가도 사라지지 않는 행복, 그런 행복이 궁극적인 행복일 것이다. 그런 궁극적인 행복은 어떤 것일까?

한 그루의 나무가 있다고 가정해 보자. 그 나무의 가지를 모두 잘라 꺾꽂이를 하는 방법으로 수많은 나무를 만들었다고 하자. 본래의 나무는 이제 보이지 않고, 꺾꽂이 되어 자라고 있는 수많은 나무들만이 보일 것이다. 이 수많은 나무들이 본래의 모습을 잊어버리지 않고 있다면, 그 수많은 나무들은 수많은 나무들이 아니다. 모두가 하나로 이어진 한 그루의 나무일뿐이다. 이를 잊어버리지 않았다면, 각각의 나무는 모든 나무들을 하나로 여길 것이고, 모든 나무 전체를 '나'라고 여길 것이다.

사람도 이와 다르지 않다. 사람들은 각각 남남끼리 어울려 살아간다고 생각하지만, 사실은 그렇지 않다. 나는 부모의 세포로 구성되어 있으므로 나와 부모는 하나다. 나와 부모가 하나면 나와 형제가 하나다. 나와 형제가 하나면 삼촌과 나는 하나다. 이런 방식으로 확대해가면, 하나인 관계가 사촌, 오촌, 육촌, 칠촌 등으로 무한히 확산되다가 급기야 모든 사람이 하

면앙정

정면 3칸, 측면 2칸의 팔작지붕 목조 기와집이다. 측면과 좌우에 마루를 두고, 중앙에는 방을 배치하였다. 현재의 건물은 여러 차례 보수한 것이다.

1533년(중종 28) 송순(宋純, 1493~1583)이 41세가 되던 해, 벼슬을 버리고 고향인 이곳으로 내려와 이 정자를 짓고, 「면앙정삼언가俛仰亭三言歌」를 지어 정자 이름과 자신의 호로 삼았다. 그러나 그 정자는 임진왜란으로 파괴되고 지금의 정자는 후손들이 1654년(효종 5)에 중건한 것이다. 최초의 모습은 초라한 초가삼간으로 바람과 비를 겨우 가릴 정도였다고 한다.

나임을 알 수 있다.

사람만 하나인 것이 아니라, 모든 생물과도 하나이고, 모든 물체와도 하나다. 사람이 만약 이를 잊어버리지 않았다면, 서로 사랑하고, 서로 도울 것이다. 그렇게 살고 있는 개인은 그 개인이 죽어도 '내'가 죽는 것으로 생각하지 않는다. 어디까지나 '나'는 전체이기 때문이다. 그러므로 개인의 죽음은 죽음이 아니다. 전체는 영원히 살고 있으므로 생명은 영원히 존재한다.

이러한 차원에서의 삶이 영생永生이다. 이것은 개인의 삶이 어떤 심판을 통과함으로써 사라지지 않고 영원히 이어진다는 뜻이 아니다. 모두가 하나라는 것을 알고 하나의 차원으로 사는 것이 영생이다. 영생의 차원에서 사는 사람에게는 늙음의 슬픔과 죽음의 고통이 없다. 그러한 사람이 참으로 행복한 사람이다. 사람이 추구해야 하는 궁극적 행복이란 바로 이런 행복이다.

이처럼 행복하게 사는 사람이 군자이고 참된 사람이다. 반면에 본래 모습을 잊어버린 개인은 자기만이 '나'인 줄 안다. 그렇게 사는 개인은 남과 경쟁할 수밖에 없다. 그리고 그 개인은 아무리 열심히 살아도 늙고 죽는다. 그러므로 그러한 사람은 아무리 성공을 했다 하더라도 불행하다. 그런 사람이 소인이요, 짐승 같은 사람이다.

남과 하나인 상태로 사는 것이 행복이라면, 그런 행복의 출발점은 가족에서 비롯된다. 가족끼리 하나가 되지 못하는 사람이 남과 하나가 될 수 없다. 그래서 맹자는 부모 형제와 함께 있는 것을 첫 번째 행복의 조건으로 삼았다.

맹자가 든 행복의 두 번째 조건은 우러러 보아 하늘에 부끄러움이 없고, 굽어 보아 땅에 부끄러움이 없는 것이다. 남과 하나가 되지 못하는 사람은 남과 경쟁하는 마음으로 산다. 그런 마음이 욕심이다. 욕심이 많을수록 양심은 사라진다. 오직 남과 하나인 상태로 사는 사람만이 양심으로 산다. 남과 하나가 되는 마음이 양심이다. 양심으로 사는 사람만이 하늘과 사람에게 부끄럽지 않다.

맹자가 든 세 번째 행복의 조건은 천하의 영재를 얻어 교육하는 것이다. 맹자가 말하는 교육의 내용은 군자가 되도록 인도하는 것이다. 맹자는 "학문이란 다른 것이 아니다. 잃어버린 마음을 도로 찾는 것이다."라고 했다. 잃어버린 마음을 찾는 것은 한마음, 다시 말하면 양심을 찾는 것이다. 한마음을 찾아 한마음으로 사는 사람이 군자다.

학문이란 군자가 되기 위한 노력이다. 그러므로 교육은 군자가 되도록 인도하는 것이다. 맹자가 말하는 행복의 세 가지 조건은 모두 군자가 되어 한마음으로 사는 것으로 귀결된다.

왕이 되는 것은 행복의 조건에 들어가지 않는다고 했다. 사람들은 세속적인 출세가 행복인 줄 알고, 그 행복을 위해 정신없이 달린다. 나도 예외가 아니었다. 지금 면앙정에 앉아 지금까지의 나 자신에 대해 돌이켜 본다. 그리고 진정한 행복을 위해 어떻게 해야 하는지를 생각해 본다.

『청구영언』에 귀한 시조 한 수가 기록되어 있다. '십년을 경영하여'로 시작되는 송순 선생의 시조다. 바로 이 면앙정에서 읊은 것으로 전해진다.

> 십 년을 경영하여 초려삼간 지여 내니
> 나 한 간 달 한 간에 청풍 한 간 맛져두고
> 강산은 들일 듸 업스니 둘러 두고 보리라

송순 선생은 가난했다. 십 년 동안 계획하고 준비하여 겨우 초가삼간 하나를 마련했다. 그 삼간 중 한 칸에 앉았다. 나머지 한 칸에는 달이 차지하고 있고, 또 한 칸에는 청풍이 차지하고 있다. 강과 산을 들여놓을 데가 없다. 그냥 그대로 사방에 둘러 있는 그대로 놓아두고 보아야겠다고 했다.

지금의 면앙정은 기와집이지만, 원래는 초가삼간이었다. 송순 선생은 초가삼간에 있어도 행복했다. 하늘에 떠 있는 달도 친구고, 청풍도 친구다. 사방에 둘러 있는 강산도 모두 친구다. 그렇게 모두 하나가 되어 살면 모두가 친구다. 진정한 행복은 그런 것이다.

그렇게 살면 아무리 가난해도 행복하다. 공자는 가난해도 행복한 것이 가장 좋은 것이라 했다. 지금의 사람들은 그렇지 못한 것 같다. 물질주의

십 년을 경영하여 초려삼간 지여 내니

나 한 간 달 한 간에 청풍 한 간 맛져두고

강산은 들일 듸 업스니 둘러 두고 보리라

에 절어서 돈이 곧 행복이라 착각을 하고 있다. 모두가 돈의 노예가 되어 돈을 향해 달린다. 나도 그 속에서 함께 달려왔다. 돈의 노예 상태에서 벗어나기 위해 안간힘을 쓰면서도 잘 되지 않는다. 이제는 돈의 노예에서 벗어나자! 면앙정에 앉아 다시 다짐을 해본다.

면앙정을 나와 환벽당으로 향했다. 행복의 나라는 천국이다. 천국은 사방에 꽃이 피고, 옥으로 된 집들에 둘러 싸여 있다. 그런 곳이 환벽당이다.

환벽당

'환環'은 옥으로 만든 고리다. 고리가 둥글기 때문에 빙 둘러 있다는 뜻이 되기도 한다. '벽碧'은 푸른 옥돌이란 뜻이다. 푸르다는 뜻으로 쓰이기도 한다. '당堂'은 집이다. 환벽당은 옥처럼 푸른빛으로 둘러 싸여 있는 집이란 뜻이다. 옥처럼 푸른빛으로 둘러 싸여 있는 집은 천국에 있는 집이다.

또한 나주 목사를 지낸 사촌 김윤제 선생이 영재를 가르치기 위해 지은 집이다. 식영정이 본래의 마음을 찾는 곳이라면, 면앙정은 하늘과 사람에게 부끄럽지 않게 되는 곳이고, 환벽당은 영재를 기르는 곳이다. 맹자가 말한 행복의 조건이 이 세 정자에서 절묘하게 맞아 떨어진다.

環碧堂

環碧堂

환벽당

나주 목사를 지낸 사촌沙村 김윤제(金允悌, 1501~1572)가 낙향하여 창건하고 육영에 힘쓰던 곳이다. 정면 3칸, 측면 2칸의 팔작지붕의 목조 기와집이다.

당호는 신잠申潛이 지었다. 송시열이 쓴 제액題額이 걸려 있고, 임억령林億齡, 조자이趙子以의 시가 현판으로 걸려 있다. 김윤제의 제자 가운데 대표적인 인물로는 정철鄭徹과 김성원金成遠 등이 있다. 특히 정철은 16세 때부터 27세에 관계에 나갈 때까지 환벽당에 머물면서 학문을 닦았던 것으로도 유명하다. 환벽당 아래에 있는 조대釣臺와 용소龍沼는 김윤제가 어린 정철을 처음 만난 사연이 전하는 곳이다. 환벽당 인근에 취가정, 독수정, 소쇄원이 있다. 환벽당은 정철의 4대손 정수환鄭守環이 김윤제의 후손으로부터 사들여 현재 연일 정씨 문중에서 관리하고 있다.

천국은 하늘 같은 사람이 사는 곳이다. 이 세상이 천국이 되기 위해서는 내가 하늘 같은 사람이 되어야 하고, 다른 사람들을 하늘 같은 사람이 되도록 인도해야 한다. 소쇄원에서 시작한 천국 건설이 이 환벽당으로 이어진 것이다.

환벽당은 가사문학의 태두 송강松江 정철鄭澈 선생이 공부했던 곳이다. 조부의 묘가 있는 고향 담양에 내려와 있던 14살의 송강이 순천에 사는 형을 만나기 위하여 길을 가던 도중에 환벽당 앞을 지나다가 창계천 용소에서 멱을 감았다. 때마침 사촌 선생이 환벽당에서 낮잠을 자다가 꿈에 창계천의 용소에서 용 한마리가 놀고 있는 것을 보았다. 꿈을 깬 선생이 용소로 내려가 보니 용모가 비범한 소년이 멱을 감고 있었다. 선생은 소년의 영특함을 알아보고, 순천으로 가는 그를 만류하여 환벽당에 머물며 학문을 닦게 했다. 정철은 이곳에서 김인후金麟厚, 기대승奇大升 등 명현들을 만나 그들에게서 학문과 시를 배웠다. 후에 김윤제 선생은 그를 외손녀와 혼인시키고, 그가 27세의 나이로 관계에 진출할 때까지 모든 뒷바라지를 해주었다.

송강이 환벽당에서 학문에 정진할 때 가장 많은 영향을 받은 스승은 역시 하서 김인후 선생이었다. 그는 김인후 선생의 열정을 옆에서 지켜보았다. 인종의 기일이 되면 산에 들어가 통곡하는 하서의 안타까움을 보았다. 천국 건설에 열정을 불태운 하서의 철학은 제자 송강에게 전해져 문학으로 다시 꽃을 피웠다. 송강의 가사문학은 이렇게 탄생했다. 가사문학의 세계에 들어가 보기 위해 송강정으로 향했다.

송강정

송강은 한국 가사문학의 태두다. 송강은 스승 하서의 열정을 가사문학으로 꽃을 피웠다. 천국 건설의 첫째 조건은 하늘 같은 임금을 만나는 것이다. 하서 선생이 만난 인종은 하늘 같았다. 하서는 인종이 그리워 그를 한시도 잊은 적이 없었다. 이것을 지켜보던 송강의 마음에 그 그리움은 고스란히 이입되었다.

송강의 사미인곡은 바로 그 마음에서 우러나온 절규다.

송강정

송강은 여기서 사미인곡을 썼다. 동남향으로 앉아 있으며, 정면 3칸, 측면 3칸이고, 단층 팔작지붕 기와집이다. 중재실中齋室이 있는 구조로, 전면과 양쪽이 마루이고 가운데 칸에 방을 배치하였다.

정각 바로 옆에는 1955년에 건립한 「사미인곡」 시비가 있으며, 현재의 건물 역시 그때 중수한 것이다. 정자의 정면에 '송강정松江亭'이라고 새겨진 편액이 있고, 측면 처마 밑에는 '죽록정竹綠亭'이라는 편액이 있다. 둘레에는 노송과 참대가 무성하고 앞에는 평야가 펼쳐져 있으며, 멀리 무등산이 바라보인다. 정자 앞으로 흐르는 증암천甑岩川은 송강 또는 죽록천이라고도 한다.

사미인곡

이 몸 생겨날 때 임을 따라 태어나니
한평생의 연분임을 하늘 모를 일이던가.
내가 아직 젊었을 땐 님의 사랑 한결같아
그 마음 그 사랑 견줄 데가 전혀 없다.
한평생 함께하자 평생토록 원했건만
늙어서야 무슨 일로 홀로 두고 그리는가
엊그제 님 모시고 광한전에 올랐는데
어찌하여 그 사이에 인간 세상 내려왔네
올 때에 빗은 머리 헝클어져 삼년이라
연지분이야 있지마는 누굴 위해 곱게 할까
마음에 맺힌 시름 겹겹이 쌓여 있어
짓는 것이 한숨이고 지는 것이 눈물이라
인생은 끝 있지만 시름은 끝이 없네
무심한 세월만이 물 흐르듯 가는 구나
더운 때와 추운 때가 번갈아서 찾아오니
듣고 보는 모든 것이 새로운 느낌이라
동풍이 문득 불어 쌓은 눈을 헤쳐 내니

창밖에 심은 매화 두세 가지 피었구나

가뜩이나 쌀쌀한데 향기가 그윽하다.

황혼에 달이 떠서 베갯머리에 좇아오니

반가워서 흐느끼네 님이신가 아니신가

저 매화 꺾어 내어 님 계신 데 보내고저

님이 너를 보고 어떻다 여기실까

꽃 지고 새 잎 나니 녹음이 깔렸는데

비단 포장 적막하고 수놓은 장막 비어 있다

연꽃 휘장 걷어 놓고 공작 병풍 둘러두니

가뜩이나 많은 시름 날조차 길고 길어

원앙 비단 베어 놓고 오색실 풀어내어

금 자로 재단하여 님의 옷 지어내니

솜씨는 물론이고 격식까지 갖췄구나

산호 지게 위에 있는 백옥함에 담아두고

임에게 보내고자 임 계신 데 바라보니

산인가 구름인가 험하기도 험하구나

천리만리 머나먼 길을 뉘라서 찾아갈까

가거든 열어 두고 나를 본 듯 반기실까

하룻밤 찬 서리에 기러기 울며 갈 때

높은 누각에 혼자 올라 수정 발을 걷어보니

동산에 달이 뜨고 북극의 별 보이네

임이신가 반가워서 눈물이 절로 난다

맑은 달빛 끌어다가 궁궐에 붙여 보자

누각 위에 걸어두고 온 세상 다 비추어

깊은 골짝에도 대낮같이 만드소서

온 천지가 얼어붙어 흰 눈으로 덮였는데

사람은 고사하고 날짐승도 끊어졌네

소상강 남쪽에도 추위가 이러한데

임 계신 궁궐이야 더욱 말해 무엇하랴

봄기운을 일으켜서 임 계신 데 쏘이고저

초가집 처마에 비친 해를 대궐로 올렸으면

붉은 치마 여며 입고 푸른 소매 반만 걷어

해 저문 녘 긴 대나무에 많고 많은 헤아림들

짧은 해가 쉬이 져서 긴 밤을 꼿꼿이 앉아

걸려 있는 푸른 등 곁에 전공후 놓아 두고

꿈에나 님을 볼까 턱 받치고 앉아 있네

원앙이불 차기도 차다 이 밤은 언제 샐까

하루에도 열두 때를 한 달에도 서른 날을

잠깐이라도 생각을 말고 이 시름을 잊어보자

마음에 맺혀 있어 뼛속까지 사무치네

편작이 열이 와도 이 병을 어찌하리

아아, 이 내 병은 이 임의 탓이로다

차라리 사라졌다가 범나비로 바뀌어서

꽃나무 가지마다 가는 족족 앉았다가

향기 묻은 나래 털어 임의 옷에 옮기리라

임이야 나인 줄 모르셔도 내 임 좇아가리라

그리우면 그리울수록 하나가 된다. 사랑은 하나 되는 것이다. 내가 있고 네가 있어 내가 너를 사랑한다는 식의 사랑은 진정한 사랑이 아니다. 진정한 사랑은 완전히 하나 되는 것이다. 송강은 이 몸이 태어남도 임을 따라 태어난 것이라 노래한다. 완전히 하나 된 사랑은 헤어질 수 없다. 하서 선생은 인종과 헤어졌어도 헤어진 것이 아니었다. 그리움을 통해 하나 된 상태가 지속되고 있었다.

송강도 예외가 아니다. 송강이 그리워한 것은 바보 같은 당시의 임금 선조가 아니다. 벼슬이 하고 싶어 임금에게 하소연하는 것은 더더욱 아니다. 송강이 그리워하는 것은 하늘 같은 임금이다. 송강이 당시의 선조를 그리워했다 하더라도 그 임금은 선조 그 자체가 아니라, 하늘 같은 임금으

松江亭

로 그려진 임금이다.

광한전은 하늘에 있는 궁전이다. 송강이 임금과 함께 있는 것은 천국에 함께 있는 것이었다. 그런 임금과 잠시 이별을 했다. 임금과의 이별은 천국과의 이별이다. 그것은 견딜 수 없다. 다시 임금을 만나야 한다. 임금을 만나지 못하고 지내는 세월이 너무 허망하다. 달이 떠도 임 생각, 꽃을 보아도 임 생각뿐이다. 임을 향한 그리움이 이렇게 절절할 수가 또 있을까!

송강이 벼슬하는 것은 천국 건설을 위한 과정이었다. 벼슬 그 자체를 탐하는 마음은 추호도 없었다. 송강의 마음은 언제나 천국에 있는 모습이었다. 그것이 사람들에게는 풍류객으로 보였다. 어느 날 백사 이항복 선생에게 정철이 어떤 사람인가를 물어보는 이가 있었다. 백사는 "송강이 반쯤 취해서 즐겁게 손뼉을 마주치며 이야기 나눌 때 바라보면 마치 하늘나라 사람인 듯하지."라고 대답했다. 마치 풍류를 잘 알아 천상 세계에나 만날 수 있는 인물이라는 인상을 전하고 있다.

송강의 정치하는 목적은 천국 건설 그 이상도 이하도 아니었다. 그러므로 그는 벼슬자리에 연연하지 않았다. 1566년(명종 21), 송강이 사헌부 정언 재직 시, 명종의 종형인 경양군과 관련한 사건이 발생하였다. 경양군이 처가의 재산을 빼앗으려고 서얼 처남을 꾀어 죽인 뒤 강물에 던져버린 사건이었다. 명종은 자신의 종형이 관여된 일이므로 이를 조용하게 넘기려고 송강을 설득시켜 논박을 정지하도록 하였다. 그러나 송강은 국왕의 요청을 끝까지 거부했고, 그로 인해 파면되었다. 송강은 선조 즉위 이후 이조좌랑을 시작으로 다시 관직 생활을 시작했다.

이때 송강은 앞서 사화기를 거치면서 누적된 훈척 정치의 청산에 적극적으로 나서면서 동시에 새로운 사림의 시대에 걸맞은 정치 확립에 주력했다. 그가 이때 내세운 것은 격탁양청激濁揚清, 즉 탁한 것을 몰아내고 맑은 것을 끌어들인다는 것이었다. 사림 정치의 선명성을 드러내기 위한 방법이었다.

송강이 이조좌랑에 있으면서 사림들의 진출을 도모하자, 이에 대해 김개 등이 견제하면서, "오늘날 사류의 폐습은 거의 기묘 연간과 같다."고 한 적이 있었다. 기묘 연간이란 기묘사화 당시 화를 당한 정암 조광조 선생 등을 지칭하는 것이었다. 이에 대해 송강은 김개의 발언이 못되고 악한 말이라고 지적하였다. 그러자 국왕은 언성을 높이면서 송강을 힐책하였는데, 송강은 이에 굴하지 않고 다시 말하기를, "아무리 뇌정雷霆과 같은 진노가 계시더라도 신의 말씀은 다 드리지 않을 수 없습니다."라고 하고는 김개 등을 기묘사화를 일으킨 남곤과 심정 등에 비교하며 비난하였다. 이 일로 결국 정철은 삭탈관직되었다.

이처럼 그의 정치 역정에서 보면 그 어디에도 벼슬에 연연하는 모습을 찾아볼 수 없다. 그의 「사미인곡」을 벼슬에 연연하는 소외된 정치가의 노래로 보는 것은 말이 되지 않는다.

송강정에서 내려왔다. 천국의 행복감으로 가슴이 뿌듯하다. 천국 체험을 하고 나면 세상이 천국으로 바뀐다. 하서 선생은 꿈을 이루었다. 하서 선생은 지금도 소쇄원에서 세상을 천국으로 만들고 계신다.

에 필 로 그

역사는 흐른다. 사계절이 순환하듯 역사는 그렇게 흐른다. 흐름의 법칙은 음양이다. 『주역』에서 말했다. 모든 흐름은 음이 되었다가 양이 되었다가 하면서 진행한다고. 사계절의 순환도 예외가 아니다. 사계절은 더웠다 추웠다 하며 흐른다. 더워지는 것은 양이고 추워지는 것은 음이다. 추워지는 가을에는 국화가 아름다웠고, 더워지는 봄에는 진달래가 향기를 뿜는 법이다.

역사의 흐름도 음양으로 진행한다. 사람에게는 몸과 마음이 있다. 사람은 몸을 챙겼다 마음을 챙겼다 하면서 살아간다. 몸이 음이라면 마음은 양이다. 역사의 흐름이 그렇다. 역사는 몸을 주로 챙기는 시대와 마음을 주로 챙기는 시대가 순환을 한다. 역사의 사이클은 길다. 적어도 사백 년 또는 오백 년을 단위로 진행한다. 지금은 몸을 주로 챙기는 시대다. 사계절의 차원에서 보자면 가을인 셈이다.

한국인은 역사의 사계절에서 볼 때 봄에 피는 꽃이다. 한국인은 몸을 챙기는 일에는 서툴지만, 마음을 챙기는 일에서는 능력을 발휘한다. 그러므로 한국인은 역사의 가을에 위축이 된다. 과거 오백 년간은 역사의 가을이었다. 몸을 챙기는 시대였고, 힘센 사람들이 앞서는 시대였다.

몸을 챙기는 능력이 탁월한 사람들이 유럽인과 일본인들이었다. 역사의 가을에 그들은 위력을 발휘했다. 그들은 강력한 힘으로 전 지구를 유린했다. 아메리카 대륙과 오세아니아 대륙을 차지했고, 아프리카와 아시아를 약탈했다. 그들의 박물관에는 약탈 문화재로 그득하다.

그러나 시대가 바뀌면 달라진다. 역사의 봄이 오면 마음을 잘 챙기는 사람들에게 향기가 난다. 마음 챙기는 능력으로 보면 한국인을 앞설 사람이 없다. 한국인은 오천 년간 마음 챙기는 선수들이었다. 그 때문에 한국인은 역사의 봄이 오면 향기를 피운다. 오늘날 한류 문화의 붐이 일어나고 있는 이유이기도 하다. 역사의 봄이 오면 한국인이 선두에 설 수 있다.

한국인이 위축되었던 과거에는 한국인이 한국 문화를 내세우지 못했고, 한국의 문화재도 빛을 보지 못했다. 힘을 자랑하던 시대에는 규모가 크고 웅장한 문화재가 위력을 발휘한다. 그럴 때 한국의 문화재는 내세울 것이 없다. 그러나 역사의 봄이 오면 문제가 달라진다. 마음을 중시하고 마음 챙기는 일에 몰두하는 한국인은 큰 것을 자랑하지 않는다. 규모가 크고 웅장한 것은 힘을 자랑하는 천박한 문화재다. 한국에는 그런 문화재가 없다. 한국의 문화재는 마음을 챙기는 것으로 일관한다. 마음 챙기는 눈으로 바라보아야 한국의 문화재가 눈에 들어온다. 소쇄원의 답사는 이를 확인시켜 주기에 충분하다.

한국은 이제 큰 역할을 해야 한다. 지금 세상 사람들의 마음은 얼어붙었다. 한국인이 나서서 세상 사람들의 마음을 녹여 주어야 한다. 한국의 문화재도 이제 잠을 깨고 일어나 한 역할을 할 때가 되었다. 애양단이 베풀어주는 그런 따뜻함으로 세상 사람들을 위로해야 할 때가 되었다. 소쇄원 답사기가 그 시작이다.

주

1) 子欲居九夷 或曰陋 如之何 子曰君子居之 何陋之有

2) 『후한서後漢書』는 한국을 지칭하여 '군자들이 죽지 않고 영원히 사는 나라[君子不死之國]'라 불렀다. 천국은 하나밖에 없기 때문에 한국이기도 하다.

3) 羌荒淫易横暴兮 縱虎視之耽耽 侈宮室與衣服兮 惟婦言之是甘(筆巖書院 刊, 『河西全集』 上, 109쪽, 孟津賦) 번역문은 『국역 하서 전집』(필암서원, 1993)에서 그대로 옮겨 실었음을 밝힌다. 이후의 번역문도 모두 그렇다.

4) 자는 달妲이고, 성은 기己이다. 은나라 마지막 왕인 주왕紂王의 비가 되어, 주왕이 잔인한 정치를 하는 데 일익을 담당했다. 주왕은 달기의 말만 듣고 현명한 신하들을 잔인하게 죽였다고 한다.

5) 無所逃而待烹兮 吾亦不滿其爲恭 顧聖人之秉筆兮 曷爲縱釋而莫窮 苟志仁則無惡兮 吾至今乃知其信然 後世以順親爲過兮 徒苟免而違天 復有亂賊之接迹兮 彼將謂子爲非孝 紛逋誅而爭纂兮 言予心之皎皎 夫孰察子之中情兮 但視天兮茫茫 思蹇産之不釋兮 獨千載而彷徨(筆巖書院 刊, 『河西全集』 上, 136쪽, 弔申生辭)

6) 有鳥出江海 雲翼殊凡姿 上與玄鶴群 下有黃鵠隨 飲啄取潔淨 捿息依清涯 浴罷刷晴景 適立整容儀 村人喜買貨 掩致高軒墀 羽毛半摧落 稻粱未充飢 泥間拾虫螘 有時叫青霄 舊侶聲相知 仰首不得飛 戚戚憫孤羈 低佪彎俎側 傾耳彈朱絲 銜草或戲舞 擧止何委蛇 一朝勁翮生 扇搖驚飈吹 忽奮度曠野 追隨走童兒 居然委驅逼 復爲塵網縻 剪翎不使去 憐哉何所之 有身未自任 顧爾非獨癡(筆巖書院 刊, 『河西全集』 上, 188쪽,

外舅家有鵁鶄飛出慮其復遠擧剪翅羽見而感之有作)

7) 愁芳華之易歇, 恨別離之多時, 悵相對而欷歔, 怨望舒之西馳, 天鷄搏翼而催晨, 羌不可乎久稽, 怊惝怳以永懷, 心嬋媛而魂迷, 臨淸風兮不忍別, 渙雙涕兮橫迸, 雲蒼茫兮海色騰, 目眇眇兮路倐夐, 思靈倐兮去莫留, 日復日兮增余悲, 金梭倦而莫御 牛自飮兮河之湄, 還三百之有期, 保貞盟而不渝, 荷皇天之厚德, 尙時月之屢徂, 況天長而地久, 亦會合之多辰, 彼遠戍之思婦, 及絶域之放臣, 哀良人之不返, 泣君王之永絶, 死遺恨而呑聲, 夫豈此乎一列(筆巖書院 刊, 『河西全集』 上, 42쪽, 七夕賦)

8) 鬱氷炭之交腸兮 諒非酒而何堪(筆巖書院 刊, 『河西全集』 上 ,105쪽, 醉翁亭賦)

9) 盛年失偕老 目昏衰髮齒 泯泯幾春秋 至今有未死(筆巖書院 刊, 『河西全集』 上, 370쪽, 有所思)

10) 信惟孝之爲政(筆巖書院 刊, 『河西全集』 上, 56쪽, 孝賦次梁兄彦鎭韻)

11) 不出家而成敎(筆巖書院 刊, 『河西全集』 上, 55쪽, 孝賦次梁兄彦鎭韻)

12) 惟萬彙之稟生兮 受天命之正性 具乾順與五常兮 寔二五之所倂 諒純善而無雜兮 渾至理之沖融 然通塞而正偏兮 由氣質之不同 人得秀而最靈兮 尙智愚之有差 苟脫累而開蔽兮 斯聖途之可階 雖非堯舜之性之兮 湯武反而有餘 在學問而思辨兮 日乾乾而復初 要操心而存誠兮 可柔强而愚明 豈强事於分外兮 推所知而乃行 (…) 獨長思於宇宙兮 願從事於明誠 重曰 水之至淸 塵泥汨兮 性之至善 物欲窒兮 汨者旣去 淸者出兮 窒者旣通 善者復兮 盍亦孜孜 反初復兮(筆巖書院 刊, 『河西全集』 上, 96쪽, 復性賦)

13) 극기복례克己復禮는 자기의 욕심을 지우고 본마음으로 돌아가는 것을 말한다. 본마음은 모두가 가지고 있는 한마음이기 때문에 본마음으로 돌아가면 모두가 서로 조화를 이룬다. 그렇게 된 세상이 예가 실행되는 세상이다.

14) 妙一理之冥運 泯聲臭以沖漠 通高圓之昆侖 窮厚載之磅礴 實萬化之樞紐 諒品彙之根柢 亘古今而常然 豈一物之不體 貴上聖之盡性 羌浩浩乎其天 涵本然之至妙 渾方寸之靜專 旣主一而無適 奢純亦而不二 紛事機之萬變 顧酬酌之在是 自汎應而曲當

物各得其所止 彼天下之雖廣 總管攝於吾身(筆巖書院 刊,『河西全集』上, 91쪽, 一貫賦)

15) 소쇄원 공식 홈페이지(http://www.soswaewon.co.kr/) 중에서

16) 소쇄원 공식 홈페이지(http://www.soswaewon.co.kr/) 중에서

17) 소쇄원 공식 홈페이지(http://www.soswaewon.co.kr/) 중에서

18) 金君剛叔吾友也 乃於蒼溪之上 寒松之下 得一麓 構小亭 柱其隅 空其中 苫以白茅翼以凉簟 望之如羽盖畫舫 以爲吾休息之所 請名於先生 先生曰 汝聞莊氏之言乎 周之言曰 昔有畏影者 走日下 其走愈急 而影終不息 及就樹陰下 影忽不見 夫影之爲物一隨人形 人俯則俯 人仰則仰 其他往來行止 唯形之爲 然陰與夜則無 火與晝則生人之處世 亦此類也 古語有之曰 夢幻泡影 人之生也 受形於造物 造物之弄戲人 豈止形之使影 影之千變 在形之處分 人之千變 亦在造物之處分 爲人者 當隨造物之使於吾 何與哉 朝富而暮貧 昔貴而今賤 皆造化兒 爐錘中事也 以吾一身觀之 昔之峩冠大帶 出入金馬玉堂 今之竹杖芒鞋 逍遙蒼松白石 五鼎之棄 而一瓢之甘 皐夔之絶而麋鹿之伴 此皆有物弄戲其間 而吾自不之知也 有何喜慍於其間哉 剛叔曰 影則固不能自 爲若先生 屈伸由我 非世之棄 遭聖明之時 潛光晦迹 無乃果乎 先生應之曰乘流則行 得坎則止 行止非人所能 吾之入林天也 非徒息影 吾冷然御風 與造物爲徒遊於大荒之野 滅沒倒影 人不得望而指之 名以息影 不亦可乎 剛叔曰 今始知先生之志 請書其言 以爲誌 癸亥七月日 荷衣道人 息影亭在星山

이기동 교수의
우리 문화의 재발견

천국을 거닐다, 소쇄원

김인후와 유토피아

1판 1쇄 발행 2014년 5월 10일
1판 3쇄 발행 2015년 4월 10일

지은이 | 이기동
사　진 | 송창근

펴낸이 | 정규상
펴낸곳 | 사람의 무늬 · 성균관대학교 출판부
등록 | 1975년 5월 21일 제1975-9호
주소 | 110-745 서울특별시 종로구 성균관로 25-2
전화 | 02) 760-1252~4
팩스 | 02) 762-7452
홈페이지 | press.skku.edu

ISBN 979-11-5550-044-6 03980
정가 14,000원